"上海市精品课程"配套教材

普通高校本科计算机专业特色教材精选·图形图像与多媒体技术

多媒体技术实用教程（第4版）实验指导

贺雪晨 孙锦中 编著

清华大学出版社
北京

内容简介

本书是《多媒体技术实用教程(第4版)》的配套实验指导书,内容包括多媒体项目制作和多媒体素材编辑两大部分。

多媒体项目制作部分的实验包括使用 Authorware 制作词汇测试系统、使用 VRML 实现三维网页制作,使用 HTML5 制作《石头剪刀布》小游戏,使用微信小程序设计网络音乐播放器。

多媒体素材编辑部分的实验包括使用 Audition CS5.5 实现配乐朗诵制作、使用 Photoshop CC 2017 制作电影角色、使用 Flash CS5 制作横幅动画、使用 Premiere Pro CS4 实现影视制作。

通过8个实验的上机操作,读者不仅能够对声音、图像、动画、视频等多媒体元素进行综合处理,而且可以掌握多媒体项目开发的方法,制作实用的多媒体作品。

本书可作为高等院校计算机类、信息类、电子类等相关专业多媒体技术实验课程的教材,也可供从事多媒体项目开发的读者参考。

在"多媒体技术"精品课程网站中提供了与本书配套的各种材料,实现了纸质教材、电子教材和网络教材的有机结合,便于读者学习使用。

图书在版编目(CIP)数据

多媒体技术实用教程(第4版)实验指导/贺雪晨,孙锦中编著.—北京:清华大学出版社,2018
(普通高校本科计算机专业特色教材精选·图形图像与多媒体技术)
ISBN 978-7-302-51374-2

Ⅰ.①多… Ⅱ.①贺… ②孙… Ⅲ.①多媒体技术—高等学校—教学参考资料 Ⅳ.①TP37

中国版本图书馆 CIP 数据核字(2018)第 232128 号

责任编辑:汪汉友
封面设计:常雪影
责任校对:焦丽丽
责任印制:宋 林

出版发行:清华大学出版社
网 址:http://www.tup.com.cn,http://www.wqbook.com
地 址:北京清华大学学研大厦A座 **邮 编**:100084
社 总 机:010-62770175 **邮 购**:010-62786544
投稿与读者服务:010-62776969,c-service@tup.tsinghua.edu.cn
质量反馈:010-62772015,zhiliang@tup.tsinghua.edu.cn
课件下载:http://www.tup.com.cn,010-62795954
印 装 者:北京鑫海金澳胶印有限公司
经 销:全国新华书店
开 本:185mm×260mm **印 张**:7 **字 数**:158千字
版 次:2018年12月第1版 **印 次**:2018年12月第1次印刷
定 价:19.50元

产品编号:078045-01

出版说明

INTRODUCTION

在我国高等教育逐步实现大众化后，越来越多的高等学校将会面向国民经济发展的第一线，为行业、企业培养各级各类高级应用型专门人才。为此，教育部已经启动了“高等学校教学质量和教学改革工程”，强调要以信息技术为手段，深化教学改革和人才培养模式改革。如何根据社会的实际需要，根据各行各业的具体人才需求，培养具有特色显著的人才，是我们共同面临的重大问题。具体地，培养具有一定专业特色和特定能力强的计算机专业应用型人才则是计算机教育要解决的问题。

为了适应21世纪人才培养的需要，培养具有特色的计算机人才，急需一批适合各种人才培养特点的计算机专业教材。目前，一些高校在计算机专业教学和教材改革方面已经做了大量工作，许多教师在计算机专业教学和科研方面已经积累了许多宝贵经验。将他们的教研成果转化为教材的形式，向全国其他学校推广，对于深化我国高等学校的教学改革是一件十分有意义的事。

清华大学出版社在经过大量调查研究的基础上，决定编写出版一套“普通高校本科计算机专业特色教材精选”。本套教材是针对当前高等教育改革的新形势，以社会对人才的需求为导向，主要以培养应用型计算机人才为目标，立足课程改革和教材创新，广泛吸纳全国各地的高等院校计算机优秀教师参与编写，从中精选出版确实反映计算机专业教学方向的特色教材，供普通高等院校计算机专业学生使用。

本套教材具有以下特点。

1. 编写目的明确

本套教材是在深入研究各地各学校办学特色的基础上，面向普通高校的计算机专业学生编写的。学生通过本套教材，主要学习计算机科学与技术专业的基本理论和基本知识，接受利用计算机解决实际问题的基本训练，培养研究和开发计算机系统，特别是应用系统的基本能力。

2. 理论知识与实践训练相结合

根据计算机学科的三个学科形态及其关系，本套教材力求突出学科理论与实践紧密结合的特征，结合实例讲解理论，使理论来源于实践，又进一步指导实践得到自然的体现，使学生通过实践深化对理论的理解，更重要的是使学生学会理论方法的实际运用。

3. 注意培养学生的动手能力

每种教材都增加了能力训练的内容，学生通过学习和练习，能比较熟练地应用计算机知识解决实际问题。既注意培养学生分析问题的能力，也注重培养学生解决问题的能力，以适应新经济时代对人才的需要，满足就业要求。

4. 注重教材的立体化配套

大多数教材都将陆续配套教师用课件、习题及其解答提示，学生上机实验指导等辅助教学资源，有些教材还提供能用于网上下载的文件，以方便教学。

由于各地区各学校的培养目标、教学要求和办学特色均有所不同，所以对特色教学的理解也不尽一致，我们恳切希望大家在使用教材的过程中，及时地给我们提出批评和改进意见，以便我们做好教材的修订改版工作，使其日趋完善。

我们相信经过大家的共同努力，这套教材一定能成为特色鲜明、质量上乘的优秀教材；同时，我们也希望通过本套教材的编写出版，为“高等学校教学质量和教学改革工程”作出贡献。

清华大学出版社

前言

PREFACE

本书是《多媒体技术实用教程（第 4 版）》的配套教材，书中实验所涉及的知识在主教材的基础上有所拓展，体现了一定的综合性和设计性。

本书在第 3 版的基础上，根据几十所高校的使用反馈意见以及多媒体技术相关软件不断更新的需要，考虑到大部分学校机房还是 32 位操作系统，新增了微信小程序设计网络音乐播放器，使用 Photoshop CC 2017 重写了图像处理部分的实验。其中多媒体项目制作部分的 4 个实验以实际的多媒体项目为背景，每个实验相对独立，可以根据各个学校的教学安排和学时数，选择其中的部分或全部内容进行实验教学。多媒体素材编辑部分的 4 个实验分别对声音、图像、动画、视频等多媒体元素进行综合处理，将课堂教学的内容进行综合。

实验 1“使用 Authorware 制作词汇测试系统”实现了较完整的“雅思词汇测试系统”的制作，包括主界面制作、测试界面制作、抽题、出题、发布等过程。

实验 2“使用 VRML 实现三维网页制作”实现了上海世博会场馆模型三维网页的开发，使用了 3ds max、Cosmo Worlds、VrmlPad、Cosmo Player 插件、ASP 环境、Access 数据库等。它不仅是一个可在网络上浏览的三维可视化系统，而且具有初步的信息查询、场景动画及漫游功能。

实验 3“使用 HTML5 制作《石头剪刀布》小游戏”通过应用 HTML5 的 Drag&Drop API，在浏览器中实现了本地拖放功能，完成《石头剪刀布》小游戏的制作。

实验 4“使用微信小程序设计网络音乐播放器”设计一个类似 QQ 音乐 APP 的音乐播放器微信小程序，使用小程序控件进行页面布局，使用小程序 API 访问网络服务器，可完整获取 QQ 音乐平台的音乐资源，轻松实现音乐在线播放。

实验 5“使用 Audition CS5.5 实现配乐朗诵制作”通过制作伴奏音乐，对外录的音频文件进行降噪等后期处理，实现了配乐朗诵的合成功能。读者可以对比 Soundbooth 与 Audition 的不同之处。

实验 6“使用 Photoshop CC 2017 制作电影角色”通过 Photoshop CC 2017 进行平面设计，使用图层、通道、滤镜等实现电影角色的制作。

实验 7“使用 Flash CS5 制作横幅动画”使用 Flash CS5 的层、元件、帧动画、遮罩动画等实现横幅动画制作。

实验 8“使用 Premiere Pro CS4 实现影视制作”使用 Premiere Pro CS4 实现《自行车运动员成长历程》的制作，包括项目参数设置、导入素材、倒计时片头、慢镜头和倒带效果、彩色过渡效果、滤镜淡出效果、影片输出等。读者可以对比 After Effects 与 Premiere Pro 的不同之处。

通过上述 8 个实验的具体操作，读者不仅能够对声音、图像、动画、视频等多媒体元素进行综合处理，而且可以掌握多媒体项目开发的方法，制作实用的多媒体作品。

多媒体技术是一门实践性很强的学科，在教学过程中可以通过“课程设计”或“非笔试”考核并提高学生的实际动手能力。作者在这方面做了一些尝试，有兴趣的教师、学生可以通过作者的新浪博客（http://blog.sina.com.cn/heinhe）一起探讨。

本书由上海电力大学贺雪晨、孙锦中编著。在上海市精品课程网站（http://jpkc.shiep.edu.cn/?courseid=20085401）中还提供了“多媒体技术”精品课程的教学大纲、电子教案、模拟试卷、习题答案、学生作品、教学视频、素材程序等，供教师、学生参考。精品课程网站与配套出版的《多媒体技术实用教程（第 4 版）》《多媒体技术实用教程（第 4 版）实验指导》和《多媒体技术毕业设计指导与案例分析》实现了纸质教材、电子教材和网络教材的有机结合。

在本书的编写过程中得到了多所高校相关教师的大力支持，在此表示衷心的感谢。

作 者

2018 年 9 月

目录

CONTENTS

实验 1 使用 Authorware 制作词汇测试系统

1.1 实验目的与要求

本实验使用 Authorware 实现雅思词汇测试系统的制作。

雅思词汇测试系统运行后的主界面如图 1-1 所示，通过 ON、OFF 开关可以控制背景音乐的播放。

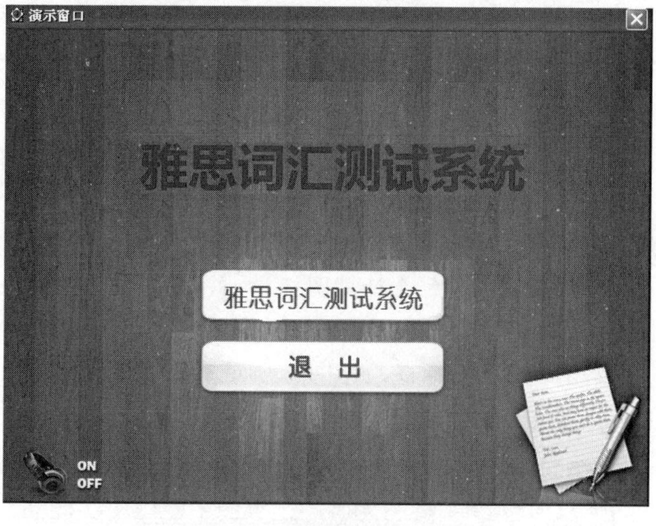

图 1-1 雅思词汇测试系统主界面

1.2 主界面设计

程序主界面结构流程如图 1-2 所示。通过显示图标引入背景图片，通过声音图标引入背景音乐，通过交互图标、群组图标等实现选择功能。设计步骤如下。

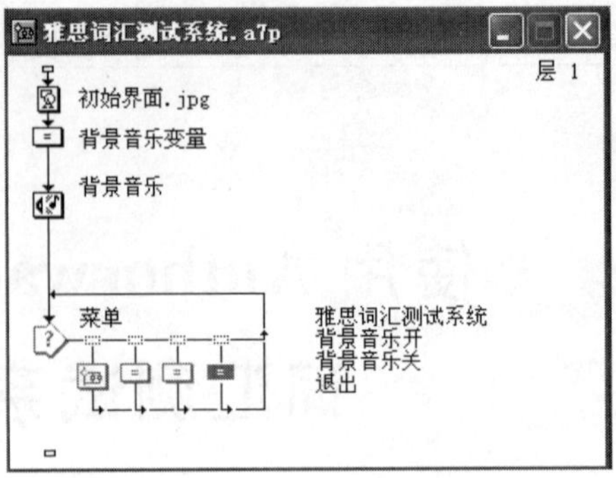

图 1-2　主界面结构流程图

（1）选中“修改”|“文件”|“属性”菜单选项，在打开的“属性：文件”对话框中选择演示窗口大小为“640×480（VGA，Mac13）”，选中“显示标题栏”和“屏幕居中”复选框，如图1-3所示。

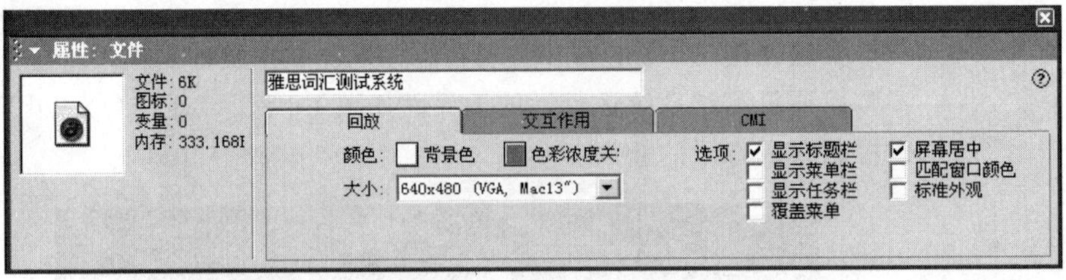

图 1-3　修改演示窗口属性

（2）选中“文件”|“导入和导出”|“导入媒体”菜单选项，在打开的“导入哪个文件?”对话框中选择图像文件“初始界面.jpg”，单击“导入”按钮，在流程线上自动添加显示图标“初始界面.jpg”。双击显示图标，可以看到主界面如图1-1所示。

（3）在显示图标后添加一个计算图标 = ，将其命名为“背景音乐变量”。双击该图标，在弹出的“背景音乐变量”对话框中输入变量初始值“music=1”，如图1-4所示。单击“关闭”按钮，出现确认对话框，如图1-5所示。单击“是”按钮，出现“新建变量”对话框，如图1-6所示。单击“确定”按钮，关闭对话框。

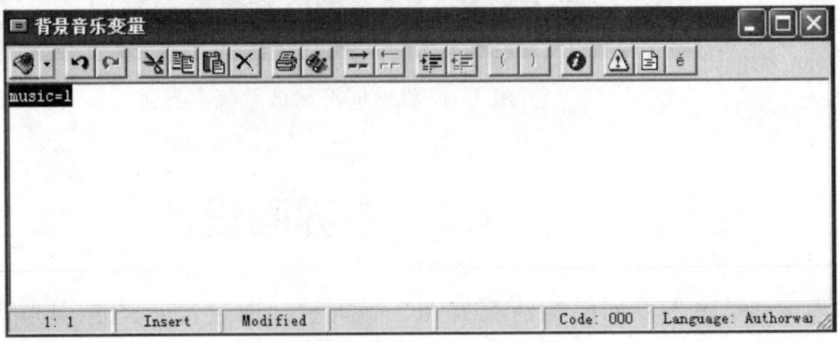

图 1-4　“背景音乐变量”对话框

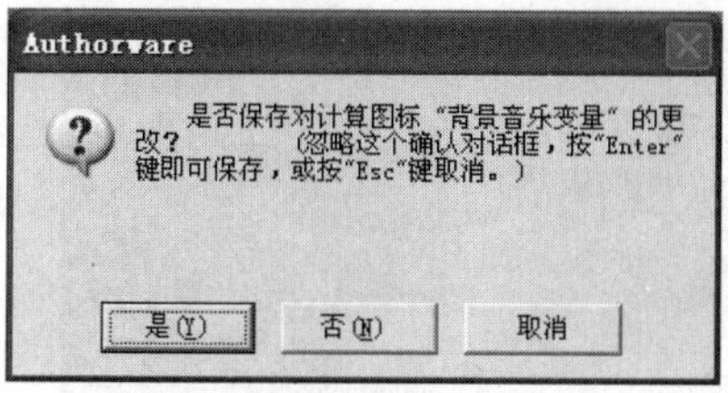

图 1-5　确认对话框

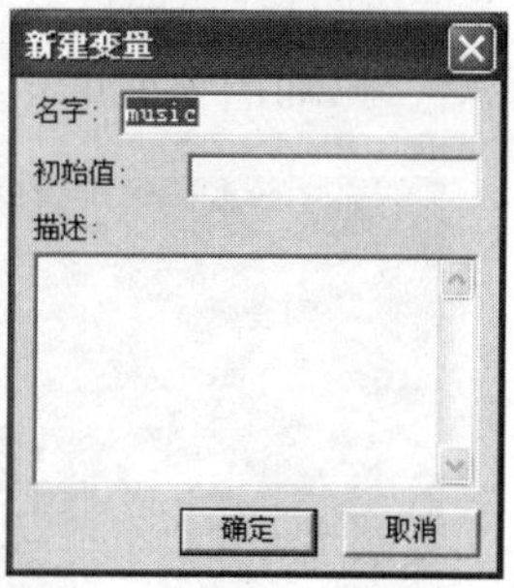

图 1-6　“新建变量”对话框

（4）在计算图标后添加一个声音图标，将其命名为“背景音乐”。双击该图标，出现声音图标的属性面板。单击“导入”按钮，导入背景音乐文件 song. mp3。单击“计时”选项卡，选中“执行方式”为“永久”，“播放”为“直到为真”；在“播放”下方的文本框中输入 music＝0，在“开始”文本框中输入 music＝1，如图 1-7 所示。music 设为 1，意味着程序执行时立即播放背景音乐；“执行方式”设为“永久”表示一直播放，直到条件 music＝0 得到满足，才停止播放背景音乐。

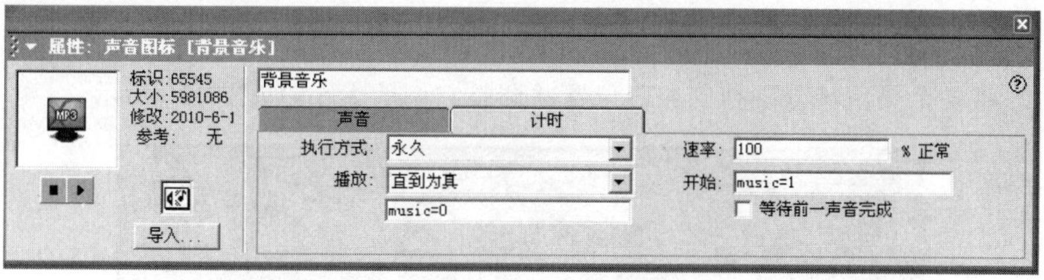

图 1-7　设置声音属性

（5）在计算图标后添加一个交互图标，将其命名为“菜单”。

（6）将群组图标拖到交互图标的右侧，在打开的“交互类型”对话框中选择“热区域”，如图 1-8 所示。将其命名为“雅思词汇测试系统”。再添加 3 个计算图标，分别命名为“背景音乐开”“背景音乐关”和“退出”。

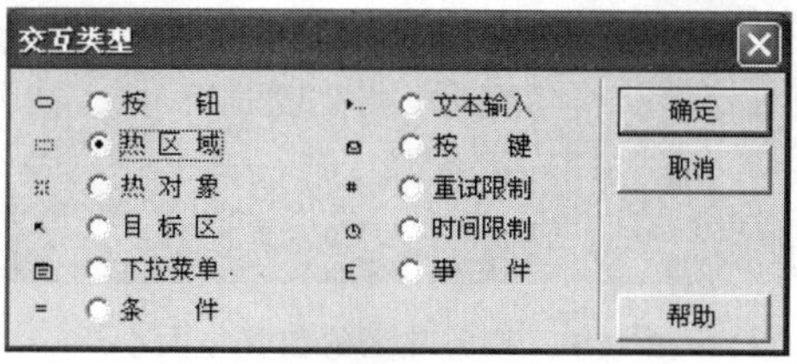

图 1-8　“交互类型”对话框

（7）双击计算图标“背景音乐开”，在弹出的对话框中输入代码“music＝1”；双击计算图标“背景音乐关”，在弹出的对话框中输入代码“music＝0”；双击计算图标“退出”，在弹出的对话框中输入代码“Quit()”。

（8）双击显示图标“初始界面”，按住 Shift 键的同时双击交互图标“菜单”，同时显示背景图片和热区域，如图 1-9 所示。

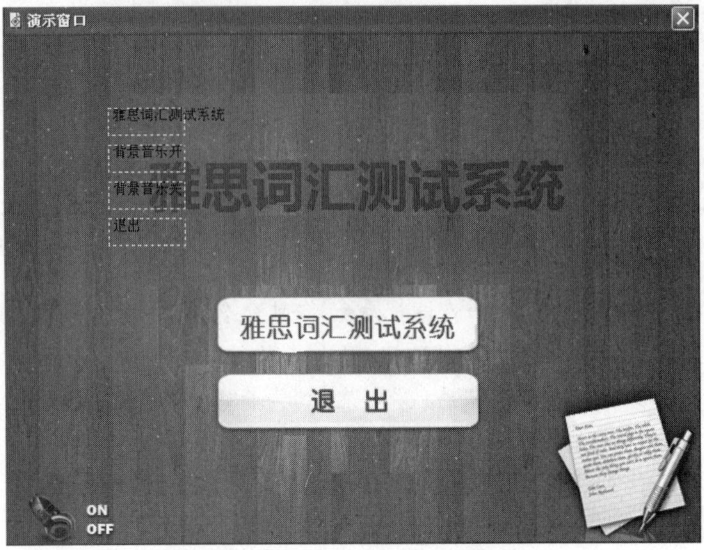

图 1-9　同时显示背景图片与热区域

（9）将各个热区域分别拖到相应位置并调整它们的大小，如图 1-10 所示。

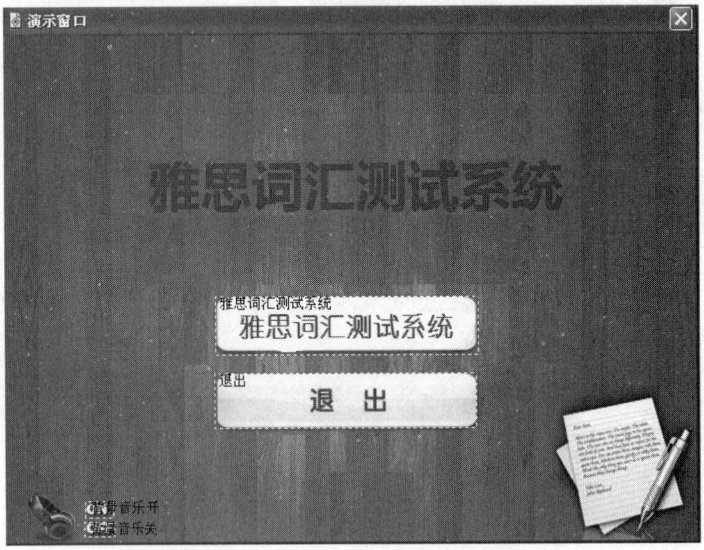

图 1-10　调整热区的位置与大小

（10）选中“文件”|“另存为”菜单选项，将文件保存为“雅思词汇测试系统.a7p”。

（11）运行程序，自动播放背景音乐。单击图片中的 OFF 区域，停止播放音乐；单击 ON 区域，播放音乐；单击“退出”按钮，关闭程序。

（12）单击“雅思词汇测试系统”按钮，程序没有任何反应，这是由于相应程序尚未编写。

1.3 测试界面设计

在主界面中单击“雅思词汇测试系统”按钮，进入测试界面。选择答案后单击“提交”按钮，系统给出是否正确的信息，如图 1-11 所示。设计步骤如下。

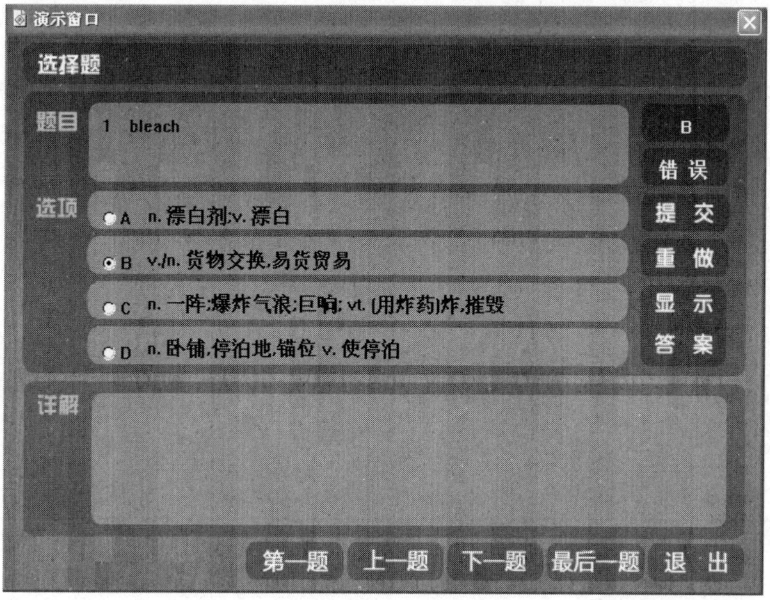

图 1-11 测试界面

(1) 在流程线中双击群组图标“雅思词汇测试系统”，进入第 2 层。

(2) 将擦除图标拖到流程线上，将其命名为“清屏”。双击图标，在弹出的演示窗口中显示上一层的对象，单击上一层的所有对象，将它们擦除。也可以在同时弹出的“属性：擦除图标”对话框中进行修改，如图 1-12 所示。

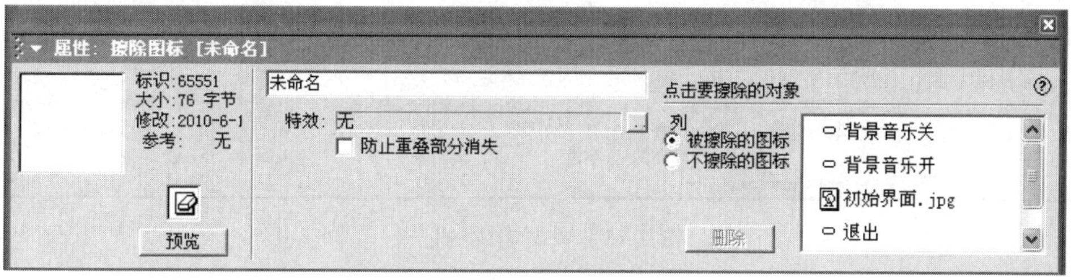

图 1-12 擦除上一层的所有对象

(3) 添加计算图标，将其命名为“关闭背景音乐”。双击图标，输入代码“music：=0”。

(4) 选中“文件”|“导入和导出”|“导入媒体”菜单选项，导入 choice.jpg 文件，在流程线上自动添加显示图标。

1.4 抽题功能设计

进入测试界面后，系统将随机从题库中抽取50道选择题进行测试，抽题功能通过调用Access数据库实现，步骤如下。

（1）运行Access，新建空数据库database.mdb。使用设计器创建表choice，表的字段名、数据类型、字段定义如表1-1所示。

表1-1 数据表choice

字段名	数据类型	字段定义
Sn	数字	题目编号
Question	文本	题目内容
A	文本	选项A
B	文本	选项B
C	文本	选项C
D	文本	选项D
Answer	文本	选择题答案
Explain	文本	答案详解

（2）双击表，输入记录，如图1-13所示。

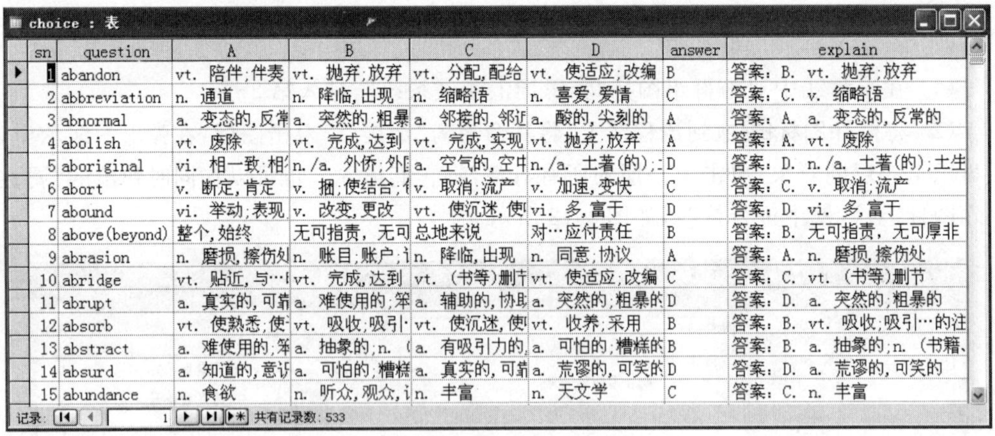

choice : 表

sn	question	A	B	C	D	answer	explain
1	abandon	vt. 陪伴;伴奏	vt. 抛弃;放弃	vt. 分配,配给	vt. 使适应;改编	B	答案：B. vt. 抛弃;放弃
2	abbreviation	n. 通道	n. 降临,出现	n. 缩略语	n. 喜爱;爱情	C	答案：C. v. 缩略语
3	abnormal	a. 变态的,反常	a. 突然的;粗暴	a. 邻接的,邻近	a. 酸的,尖刻的	A	答案：A. a. 变态的,反常的
4	abolish	vt. 废除	vt. 完成,达到	vt. 完成,实现	vt. 抛弃;放弃	A	答案：A. vt. 废除
5	aboriginal	vi. 相一致;相	n./a. 外侨;外	a. 空气的,空中	n./a. 土著(的);	D	答案：D. n./a. 土著(的);土生
6	abort	v. 断定,肯定	v. 捆;使结合;	v. 取消;流产	v. 加速,变快	C	答案：C. v. 取消;流产
7	abound	vi. 举动;表现	v. 改变,更改	vt. 使沉迷,使	vi. 多,富于	D	答案：D. vi. 多,富于
8	above(beyond)	整个,始终	无可指责，无可	总地来说	对…应付责任	B	答案：B. 无可指责，无可厚非
9	abrasion	n. 磨损,擦伤处	n. 账目;账户;	n. 降临,出现	n. 同意;协议	A	答案：A. n. 磨损,擦伤处
10	abridge	vt. 贴近,与…	vt. 完成,达到	vt. (书等)删节	vt. 使适应;改编	C	答案：C. vt. (书等)删节
11	abrupt	a. 真实的,可靠	a. 难使用的;笨	a. 辅助的,协助	a. 突然的;粗暴的	D	答案：D. a. 突然的;粗暴的
12	absorb	vt. 使熟悉;使	vt. 吸收;吸引	vt. 使沉迷,使	vt. 收养;采用	B	答案：B. vt. 吸收;吸引…的注
13	abstract	a. 难使用的;笨	a. 抽象的;n. (	a. 有吸引力的,	a. 可怕的;糟糕的	B	答案：B. a. 抽象的;n. (书籍、
14	absurd	a. 知道的,意识	a. 可怕的;糟糕	a. 真实的,可靠	a. 荒谬的,可笑的	D	答案：D. a. 荒谬的,可笑的
15	abundance	n. 食欲	n. 听众,观众,i	n. 丰富	n. 天文学	C	答案：C. n. 丰富

记录：1 共有记录数：533

图1-13 数据表中的记录

（3）数据库创建后，必须进行ODBC配置，才能在程序中正常调用。选中“控制面板”|“管理工具”|“ODBC数据源”菜单选项，打开“ODBC数据源管理器”对话框，如图1-14所示。

（4）在“用户DSN”选项卡中单击“添加”按钮，在打开的“创建新数据源”对话框中选择Microsoft Access Driver（*.mdb）选项，如图1-15所示。

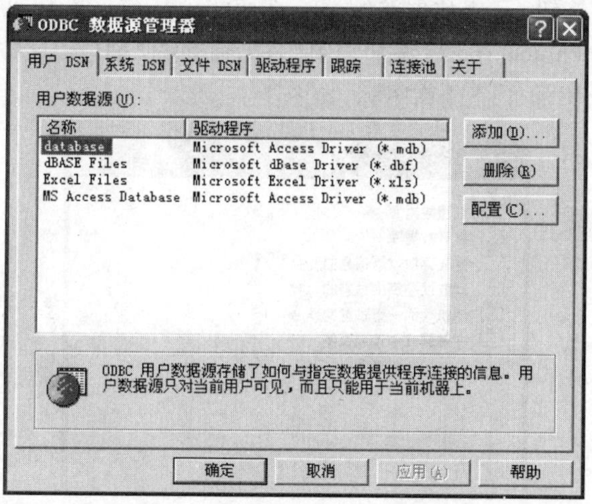

图 1-14 “ODBC 数据源管理器”对话框

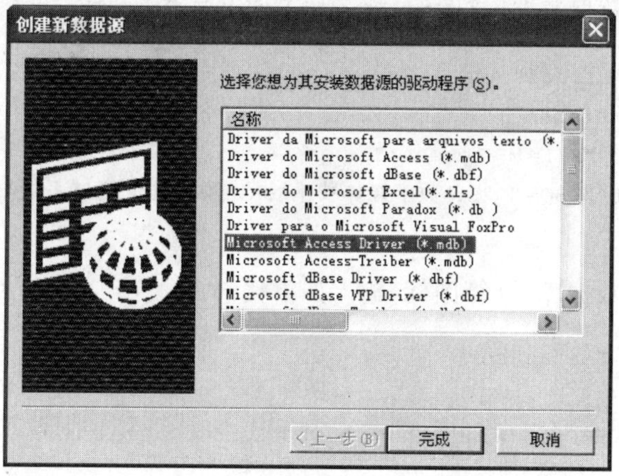

图 1-15 “创建新数据源”对话框

(5) 单击“完成”按钮，在打开的“ODBC Microsoft Access 安装”对话框中的“数据源名”框中输入 database。单击“选择”按钮，选择数据库 database.mdb，如图 1-16 所示。

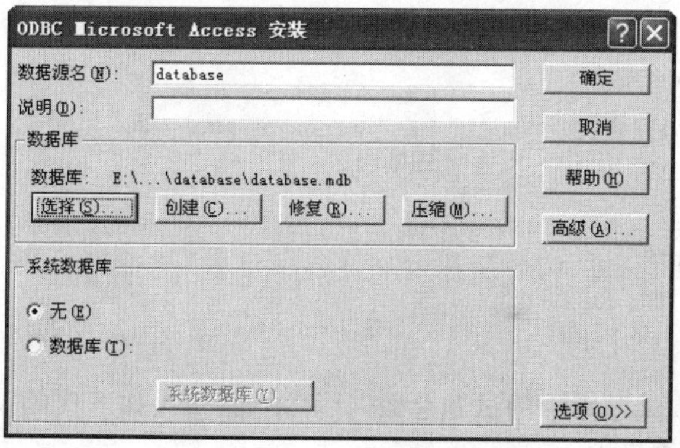

图 1-16 选择数据库

（6）单击“确定”按钮，完成数据源配置。下面实现从数据库随机抽题的功能。

（7）在显示图标 choice.jpg 后添加群组图标，命名为“抽题”。双击“抽题”图标，打开第3层。在流程线上添加6个计算图标，如图1-17所示。

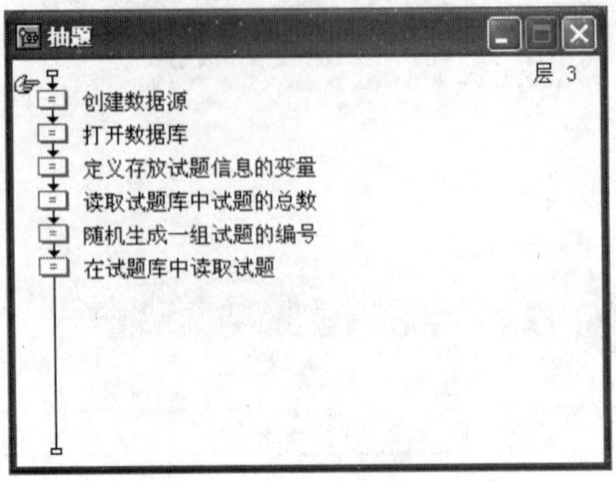

图1-17 “抽题”流程结构图

（8）双击“创建数据源”计算图标，输入如下实现连接数据库功能的代码：

```
dbReqType:="Microsoft Access Driver (*.mdb)"
dbList:="DSN=database;"
dbList:=dbList^"FIL=MS Access;"
dbList:=dbList^"DBQ="^"E:\数字媒体技术\ch7\雅思词汇测试系统\database\database.
mdb"
```

（9）双击“打开数据库”计算图标，输入如下代码：

```
DatabaseName:="database"
ODBCError:=""
ODBChandle:=ODBCOpen(WindowHandle,ODBCError,DatabaseName,"","")
```

当关闭上述计算图标时，会出现对话框，需要指定 ODBCOpen()函数对应的文件 odbc.u32 的位置。

（10）双击“定义存放试题信息的变量”计算图标，输入如下代码。其中8个变量分别对应数据表 choice 中的8个字段，数组中的50表示每次从数据库中抽取50道题目。

```
bianhao:=Array(0,50)
tigan:=Array("",50)
a:=Array("",50)
b:=Array("",50)
c:=Array("",50)
d:=Array("",50)
answer:=Array("",50)
explain:=Array("",50)
```

（11）双击“读取试题库中的试题总数”计算图标，输入如下代码，将表中的记录数（试题总数）读到 Total 变量中。

```
SQLString:="select count(*) from choice"
Total:=ODBCExecute(ODBChandle,SQLString)
```

(12) 双击"随机生成一组试题的编号"计算图标,输入如下代码。通过 Random()函数产生第一道试题的编号,然后使用循环语句产生 50 道试题的编号。

```
bianhao[1]:=Random(1,Total,1)
i:=2
j:=1
repeat while i<=50
temp:=Random(1,Total,1)
repeat while j<i
    if  temp<>bianhao[j] then
        j:=j+1
    else
        temp:=Random(1,Total,1)
        j:=1
        i:=2
    end if
end repeat
bianhao[i]:=temp
i:=i+1
j:=1
end repeat
```

(13) 双击"在试题库中读取试题"计算图标,输入如下代码。根据编号抽取 50 道试题,保存在相应的变量中。

```
i:=1
repeat while i<=50
SQLString:="select distinct question from choice where choice.sn="^bianhao[i]
tigan[i]:=ODBCExecute(ODBChandle,SQLString)
SQLString:="select distinct a from choice where choice.sn="^bianhao[i]
a[i]:=ODBCExecute(ODBChandle,SQLString)
SQLString:="select distinct b from choice where choice.sn="^bianhao[i]
b[i]:=ODBCExecute(ODBChandle,SQLString)
SQLString:="select distinct c from choice where choice.sn="^bianhao[i]
c[i]:=ODBCExecute(ODBChandle,SQLString)
SQLString:="select distinct d from choice where choice.sn="^bianhao[i]
d[i]:=ODBCExecute(ODBChandle,SQLString)
SQLString:="select distinct answer from choice where choice.sn="^bianhao[i]
answer[i]:=ODBCExecute(ODBChandle,SQLString)
SQLString:="select distinct explain from choice where choice.sn="^bianhao[i]
explain[i]:=ODBCExecute(ODBChandle,SQLString)
i:=i+1
end repeat
```

1.5 出题功能设计

出题功能将抽取的题目在测试界面中显示，用户选择答案后，系统将用户的选择与标准答案进行比较，判断用户的选择是否正确，步骤如下。

(1) 在“抽题”图标后添加群组图标，命名为“出题”。至此，第2层流程结构如图1-18所示。

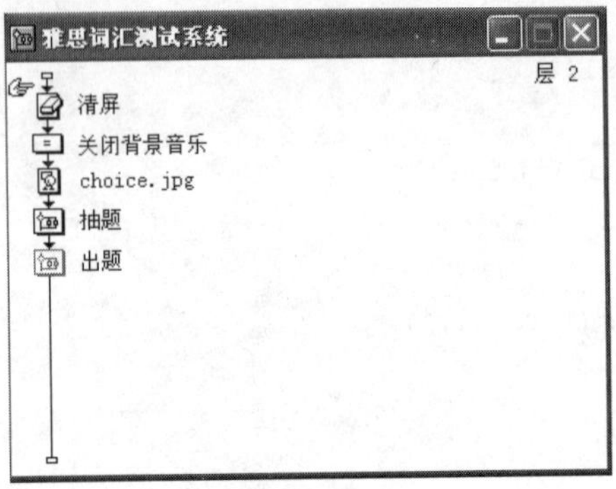

图 1-18　第2层流程结构图

(2) 双击“出题”图标，打开第3层。在流程线上添加2个计算图标、7个显示图标和1个交互图标，复制第2层的choice.jpg显示图标，并改名为“选择题背景”，各个图标的名称和顺序如图1-19所示。

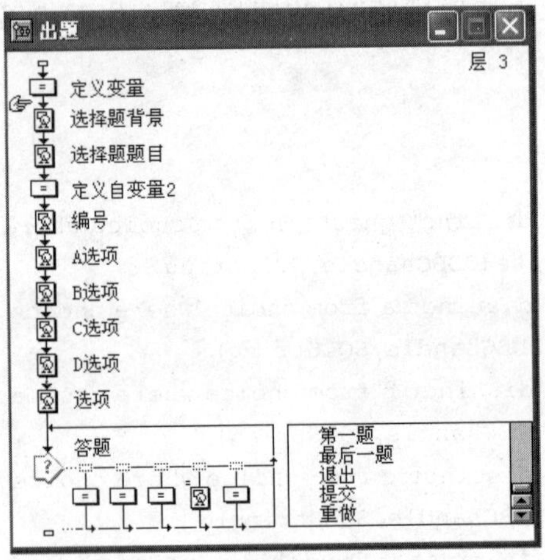

图 1-19　“出题”流程结构图

(3) 将第1个计算图标拖到交互图标右侧，在打开的“交互类型”对话框中选择“热区域”。再拖入5个计算图标和2个显示图标。将6个计算图标分别命名为“第一题”“上一题”“下一题”“最后一题”“退出”和“重做”，将两个显示图标分别命名为“提交”和“显示答案”。

(4) 将计算图标拖到“第一题”的左侧，在打开的“交互类型”对话框中选择“按钮”。在其后拖入 3 个计算图标。将 4 个计算图标分别命名为 A、B、C、D。

(5) 双击计算图标“A”上方的响应类型标识符，出现“属性：交互图标”面板，如图 1-20 所示。

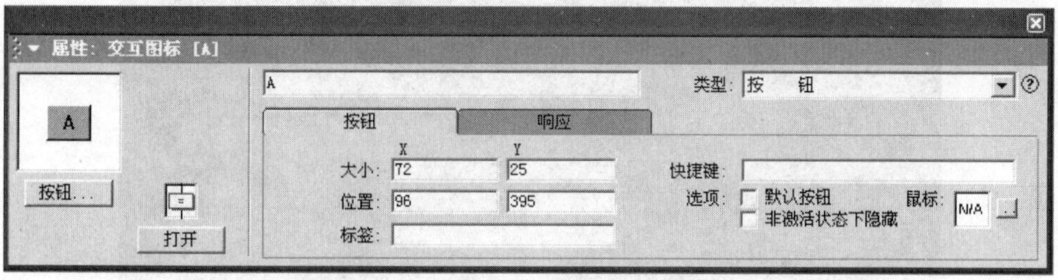

图 1-20　“属性：交互图标”面板

(6) 单击面板中左下方的“按钮”按钮，出现“按钮”对话框，选择“标准 Windows 收音机按钮系统”单选按钮，如图 1-21 所示。单击“确定”按钮。按同样方法修改 B、C、D。

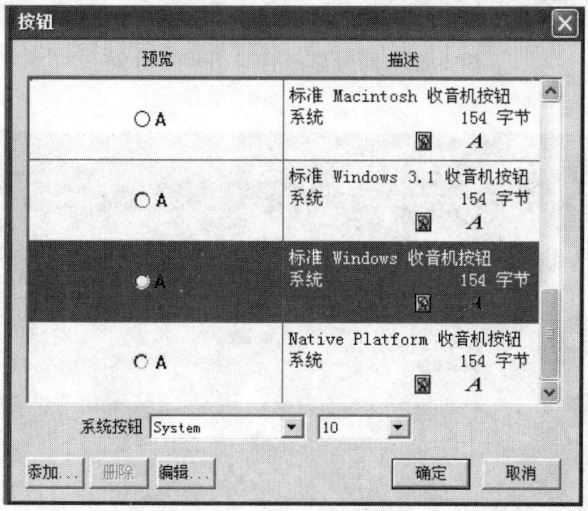

图 1-21　“按钮”对话框

(7) 双击显示图标“选择题背景”，在演示窗口中出现背景图片。按住 Shift 键的同时双击“答题”交互图标，在背景图片上叠加热区域和按钮对象，如图 1-22 所示。

(8) 调整各个对象的位置和大小，使之与背景图片协调，如图 1-23 所示。

(9) 按住 Shift 键的同时双击显示图标“编号”，单击文本图形工具箱中的“文本”工具 A，选择“透明”模式。在图 1-23 所示的“题目”框中单击，进入文本编辑状态，如图 1-24 所示。

(10) 输入若干空格，单击文本图形工具箱中的“选择/移动”工具，调整文本框的大小和位置，如图 1-25 所示。

(11) 用同样方法将显示图标“选择题题目”定位在“编号”的右侧，将显示图标 A～D 分别定位在对应按钮的右侧，将显示图标“选项”定位在“提交”按钮的最上方(图 1-11 中

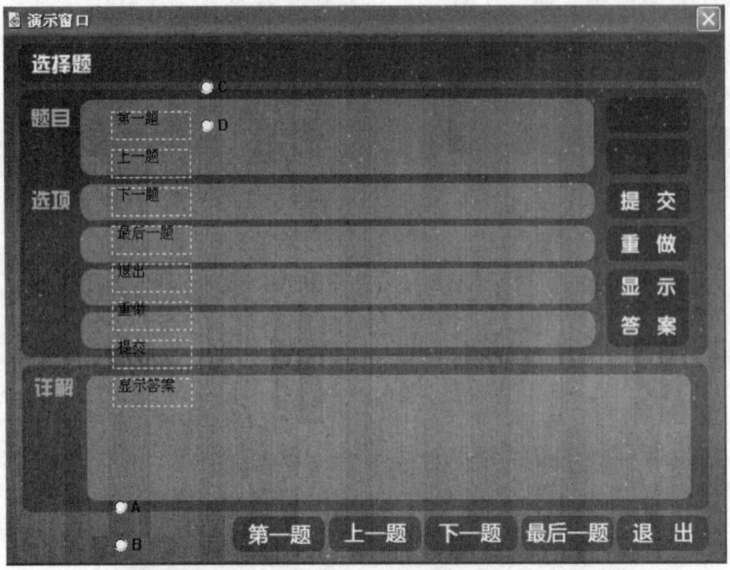

图 1-22　同时显示背景图片和对象

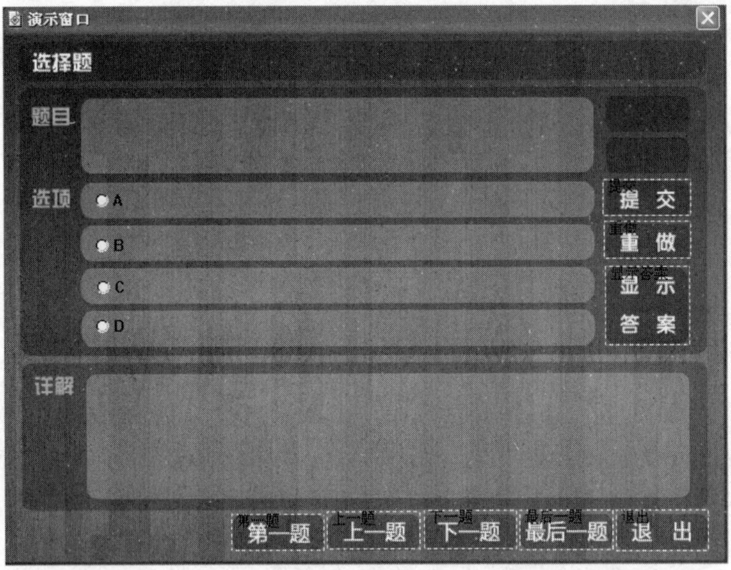

图 1-23　调整对象与背景图片协调

图 1-24　文本编辑状态

图 1-25　调整文本框

显示答案 B 的位置),将显示图标“显示答案”定位在“详解”中,将显示图标“提交”定位在如图 1-26 所示的“提交”按钮上方及“详解”栏中。

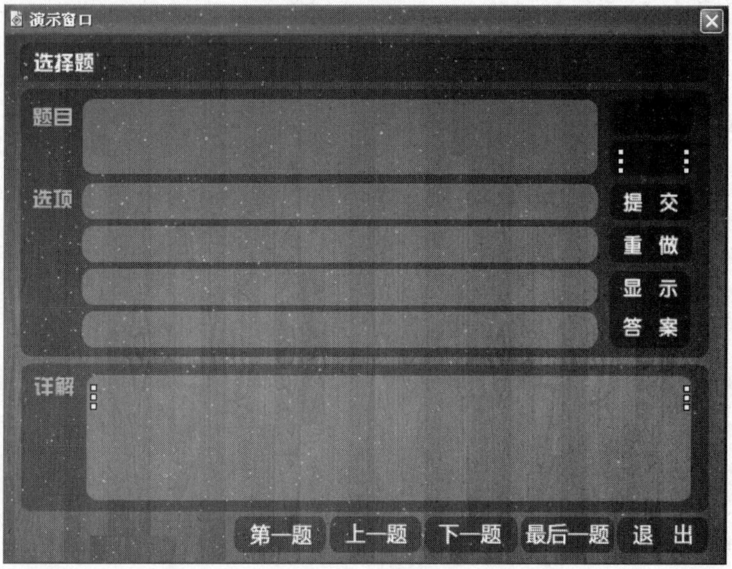

图 1-26　显示图标“提交”的定位

(12) 双击计算图标“定义变量”,输入如下代码。变量 i 对应抽取 50 道题中随机出现的题号,初始值为 1,即显示第 1 题。

```
i:=1
```

(13) 双击计算图标“定义变量 2”,输入如下代码:

```
da:=""
score:=""
rightda:=""
```

变量 da 用于存储用户输入的答案,score 用于存储答案正确与否的信息,rightda 用于存储正确答案,它们的初始值均为空。它们在界面上对应的位置分别位于“提交”上方的两个区域及“详解”区域,分别用于显示用户输入的答案、答案是否正确的判断及正确答案。

(14) 双击计算图标“A”,输入如下代码:

```
da:="A"
Checked@"A":=TRUE
Checked@"B":=FALSE
```

```
Checked@"C":=FALSE
Checked@"D":=FALSE
```

用户的选择存储在变量 da 中，在单击“提交”按钮时可以据此进行判断。

（15）双击计算图标“B”，输入代码如下：

```
da:="B"
Checked@"A":=FALSE
Checked@"B":=TRUE
Checked@"C":=FALSE
Checked@"D":=FALSE
```

（16）双击计算图标“C”，输入代码如下：

```
da:="C"
Checked@"A":=FALSE
Checked@"B":=FALSE
Checked@"C":=TRUE
Checked@"D":=FALSE
```

（17）双击计算图标“D”，输入代码如下：

```
da:="D"
Checked@"A":=FALSE
Checked@"B":=FALSE
Checked@"C":=FALSE
Checked@"D":=TRUE
```

（18）双击“第一题”计算图标，输入如下代码：

```
i:=1
Checked@"A":=""
Checked@"B":=""
Checked@"C":=""
Checked@"D":=""
GoTo(IconID@"选择题背景")
```

单击“第一题”时，转到随机抽题的第一题；将测试界面上前一次做题的 A～D 选项清空；然后转到“选择题背景”，执行“定义自变量 2”，即将测试界面上 3 个变量 da、score 和 rightda 所对应位置中的内容清空。

（19）双击“上一题”计算图标，输入代码如下：

```
i:=i-1
Checked@"A":=""
Checked@"B":=""
Checked@"C":=""
Checked@"D":=""
GoTo(IconID@"选择题背景")
```

(20) 双击“下一题”计算图标,输入代码如下:

```
i:=i+1
Checked@"A":=""
Checked@"B":=""
Checked@"C":=""
Checked@"D":=""
GoTo(IconID@"选择题背景")
```

(21) 双击“最后一题”计算图标,输入代码如下:

```
i:=50
Checked@"A":=""
Checked@"B":=""
Checked@"C":=""
Checked@"D":=""
GoTo(IconID@"选择题背景")
```

(22) 双击计算图标“退出”,在出现的“退出”对话框中单击 Insert Message Box 按钮 ,出现如图 1-27 所示的 Insert Message Box 对话框。在 Message 文本框中输入“感谢使用本软件,请多提宝贵意见。”,在 Message Box Type 选项区域中选择 Information 单选按钮,单击 OK 按钮。其对应的程序代码为

```
SystemMessageBox(WindowHandle, "感谢使用本软件,请多提宝贵意见。", "Information",
64) --1=OK
```

在该语句的下面输入程序代码

```
Quit()
```

运行程序,在测试界面中单击“退出”按钮,出现如图 1-28 所示的信息框,单击“确定”按钮退出程序。

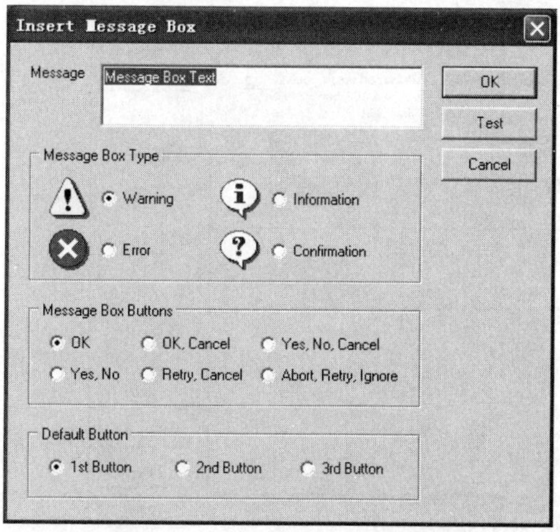

图 1-27 Insert Message Box 对话框

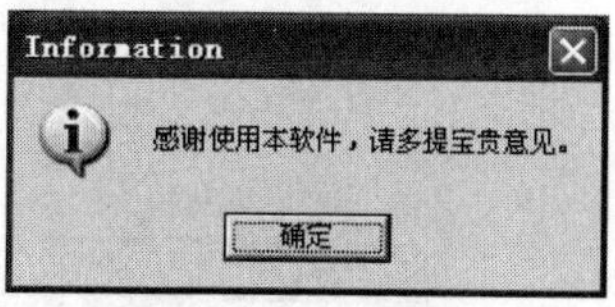

图 1-28 信息框

(23) 双击“重做”计算图标，输入代码如下：

```
da:=""
Checked@"A":=FALSE
Checked@"B":=FALSE
Checked@"C":=FALSE
Checked@"D":=FALSE
GoTo(IconID@"选择题背景")
```

(24) 右击“提交”显示图标，从弹出的快捷菜单中选中“计算”选项，在出现的“提交”对话框中输入如下代码：

```
if da=answer[i] then
   score:="正  确"
   rightda:=explain[i]
else
   score:="错  误"
end if
```

系统将用户输入的答案与数据库中的标准答案比较，相同显示“正确”，不同显示“错误”。

1.6 发　　布

上面所编写的程序只能在 Authorware 环境下运行，为了脱离 Authorware 环境单独运行，需要将程序中用到的 Authorware()系统函数、通过链接方式调用的外部素材文件、为各种媒体提供支持的 Xtras 文件进行发布，步骤如下。

(1) 选中“文件”|“发布”|“发布设置”菜单选项，出现 One Button Publishing 对话框，选中 Publish For CD, LAN, Local HDD 选项区域中的所有复选框，取消对 Publish For Web 选项区域中复选框的勾选，如图 1-29 所示。

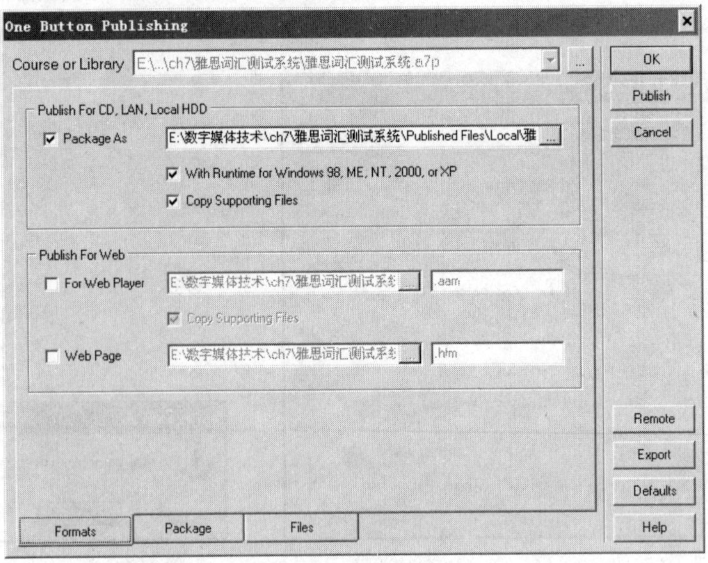

图 1-29　One Button Publishing 对话框

(2) 单击Publish按钮,发布完成后出现如图1-30所示的信息框。

图1-30　发布完成信息框

(3) 单击OK按钮。双击Published Files\Local文件夹下的"雅思词汇测试系统.exe"文件,可脱离Authorware平台独立运行。

实验2 使用 VRML 实现三维网页制作

2.1 实验目的与要求

本实验使用 3ds max、Cosmo Worlds、VrmlPad、Cosmo Player 插件、ASP 环境和 Access 数据库实现上海世博会场馆模型三维网页的开发，它不仅是一个可在网络上浏览的三维可视化系统，而且具有初步的信息查询、场景动画及漫游功能。

在浏览器中单击如图 2-1 所示的世博会场馆三维页面中的花桥、桥面和中国馆，调用 bridge. asp 文件，实现对 Access 数据库 db1. mdb 的访问，将建筑物的相关信息通过新的 HTML 页面展现。

图 2-1　世博会场馆三维页面

世博会场馆模型通过 3ds max 绘制，导出为 VRML 格式的文件，通过 Cosmo Worlds 和 VrmlPad 进行修改，针对上述建筑建立链接，调用 Access 数据库中的资料对该建筑进行介绍。通过上述工具软件可以顺利实现建筑物的建模、后期制作等工作，通过 ASP 实现数据库的调用。

本实验除了应用教材中介绍的三维网页制作方法外，还将学习 Access 数据库的基本操作及如何实现 ASP 调用数据库中的记录。

2.2 Access 数据库基本操作

2.2.1 数据库结构

数据库 db1.mdb 中包括一个“建筑”表如表 2-1 所示。

表 2-1 “建筑”表结构

字段名	数据类型	长度
编号	自动编号	—
建筑名称	文本	50
建筑内容	备注	—

“建筑”表的内容即浏览器中网页打算显示的内容，其中记录如表 2-2 所示。

表 2-2 “建筑”表中记录

编号	建筑名称	建筑内容
1	上海 2010 年世博会场址规划：	2002 年 7 月 2 日，《上海 2010 年世博会场址规划》在法国巴黎召开的国际展览局 131 次会议上展示；12 月 3 日，又在摩洛哥蒙特卡罗举行的国际展览局 132 次会议上展示。该规划是在征集评审法国、澳大利亚、加拿大、中国等 8 家知名设计公司方案后，对中选的法国 Architecture Studio 公司方案进行深度优化而成。该规划以“城市，让生活更美好”为主题，选址在卢浦大桥和南浦大桥之间的滨江地区，会展场地分设在浦江两岸，以一条椭圆形的运河将世博会场地联为一体。
2	花桥：	花桥作为上海世界博览会的标志性建筑，将同绿色走廊和运河一起被保留。
3	中国馆：	中国馆和中国地区展馆总建筑面积为 8.8 万平方米。世博会之后，中国馆则将作为世博会的博物馆。上海世博会场馆建设将突破国际展览局对世博会展馆的惯例，鼓励和支持各国建造永久性的展馆，并使其在世博会之后成为各国展示文化、科技、历史和经济的窗口，使世博会地区成为一个真正意义上的国际交流中心。

2.2.2 数据库建立

数据库建立步骤如下。

（1）启动 Microsoft Access 2003，选中“文件”|“新建”菜单选项，在新建窗格中选择“空数据库”，出现如图 2-2 所示的对话框。

（2）确定数据库的文件名为 db1.mdb，保存在服务器目录 C:\Inetpub\wwwroot 中，后面所有文件保存位置相同，不再一一说明。单击“创建”按钮，创建数据库 db1，如图 2-3 所示。

（3）双击“使用设计器创建表”，出现“表设计器”窗口。

（4）在表设计器中输入表 3-1 要求的字段，如图 2-4 所示。

（5）单击“关闭”按钮，在出现的“另存为”对话框中将表命名为“建筑”，如图 2-5 所示。

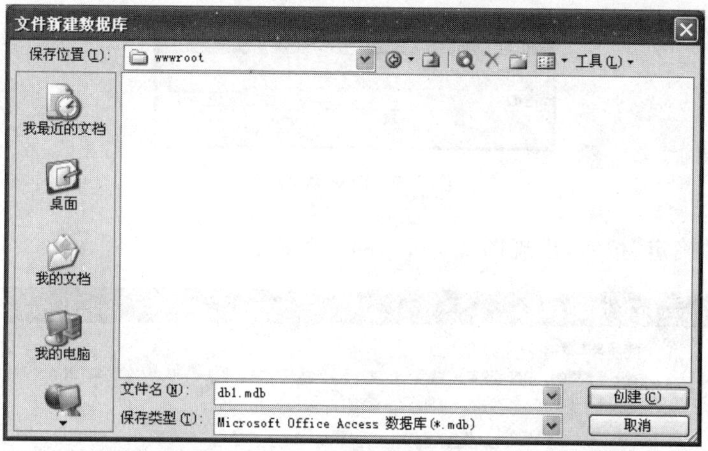

图 2-2　新建数据库

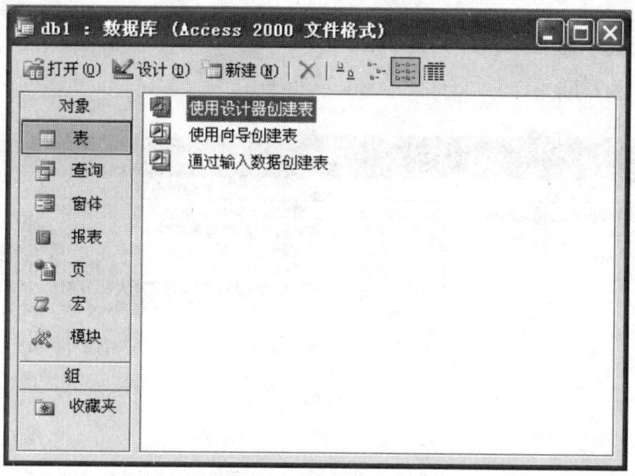

图 2-3　数据库 db1

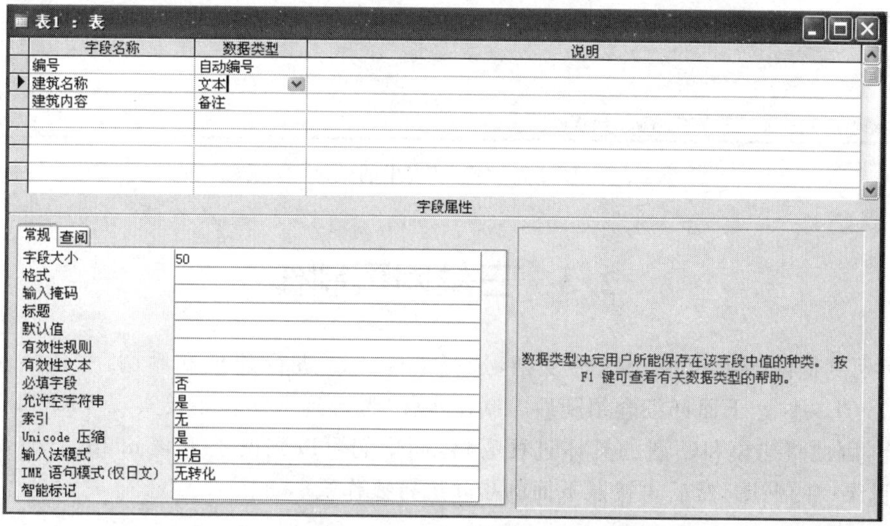

图 2-4　在表设计器中输入字段

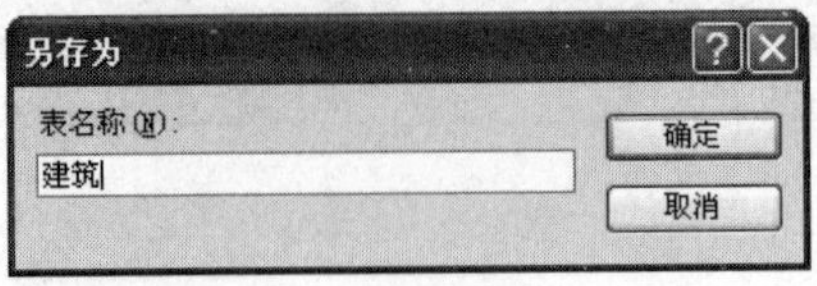

图 2-5 命名数据表

(6) 单击“确定”按钮，出现图 2-6 所示的对话框。

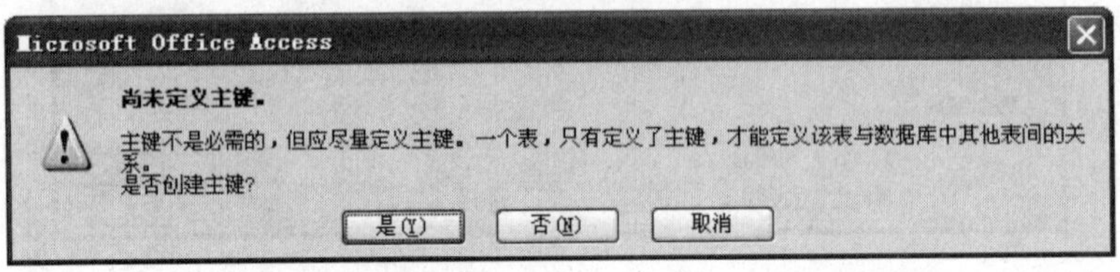

图 2-6 定义主键

(7) 单击“是”按钮，返回图 2-3，增加了一个“建筑”表。双击“建筑”表，输入表 2-2 要求的记录内容，如图 2-7 所示。

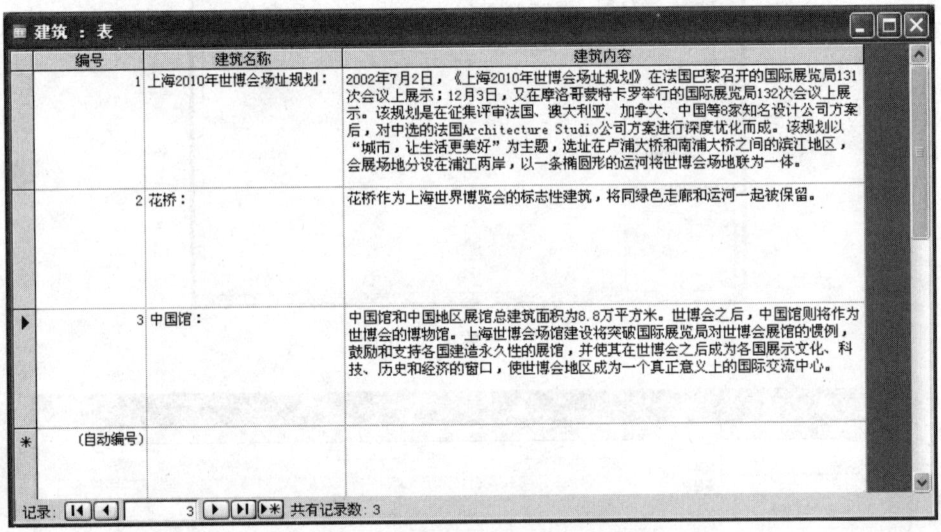

编号	建筑名称	建筑内容
1	上海2010年世博会场址规划：	2002年7月2日，《上海2010年世博会场址规划》在法国巴黎召开的国际展览局131次会议上展示；12月3日，又在摩洛哥蒙特卡罗举行的国际展览局132次会议上展示。该规划是在征集评审法国、澳大利亚、加拿大、中国等8家知名设计公司方案后，对中选的法国Architecture Studio公司方案进行深度优化而成。该规划以“城市，让生活更美好”为主题，选址在卢浦大桥和南浦大桥之间的滨江地区，会展场地分设在浦江两岸，以一条椭圆形的运河将世博会场地联为一体。
2	花桥：	花桥作为上海世界博览会的标志性建筑，将同绿色走廊和运河一起被保留。
3	中国馆：	中国馆和中国地区展馆总建筑面积为8.8万平方米。世博会之后，中国馆则将作为世博会的博物馆。上海世博会场馆建设将突破国际展览局对世博会展馆的惯例，鼓励和支持各国建造永久性的展馆，并使其在世博会之后成为各国展示文化、科技、历史和经济的窗口，使世博会地区成为一个真正意义上的国际交流中心。
(自动编号)		

图 2-7 “建筑”表中的记录

2.3 三维网页制作

考虑到世博会场馆模型比较复杂，选择 3ds max 进行建模和贴图，完成后另存为 main1.wrl 文件。下面详细介绍随后的制作步骤(考虑到本实验主要实现 VRML 三维网页制作，因此将建模和贴图的具体过程省略，同学们可以到网上下载 main1.wrl 文件和 flags 目录中的贴图，然后再按照下面的步骤进行操作)。

2.3.1　增加超链接

(1) 使用 Cosmo Worlds 打开 main1. wrl 文件,其界面如图 2-8 所示。

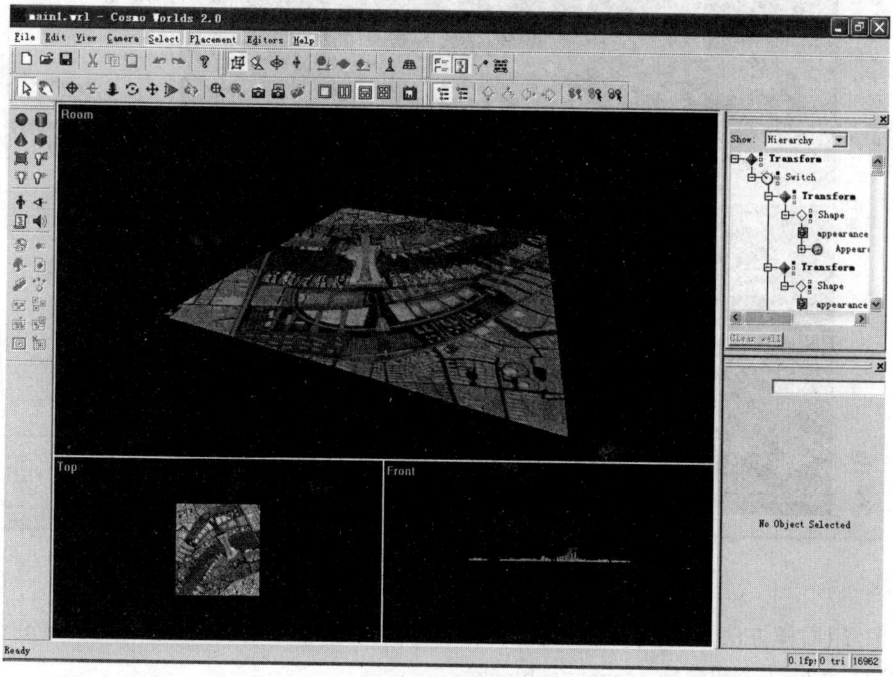

图 2-8　添加超链接

(2) 单击窗口右侧上方 Property Inspector 编辑器中的 Show 下拉列表框,选择 Links,编辑器中出现 3 个 Anchor 节,单击其中的"桥面"对象结点,出现如图 2-9 所示的界面。

(3) 在 Outline Editor 编辑器的 Link 文本框中输入结点描述 design,在 URL 框架的文本框中输入超链接地址 bridge. asp?no=1,在 URL Options 框架的 Description in 文本框中输入对超链接的描述 design。

(4) 在 Property Inspector 编辑器中,单击 parameter 参数项,输入 target=_black。

使用 VrmlPad 查看相应源代码,如下所示:

```
children  Anchor {
    url   "bridge.asp? no=1"
    description "design"
    parameter "target=_black"
}
```

组结点 Anchor 在网络上引起一个 URL 链接,description 是 URL 链接的描述,parameter 参数用来向浏览器提供链接时的附加信息,并由浏览器解释。上述源代码表示单击 design 超链接后出现一个新窗口,在新窗口中出现 bridge. asp?no=1 所对应的内容。

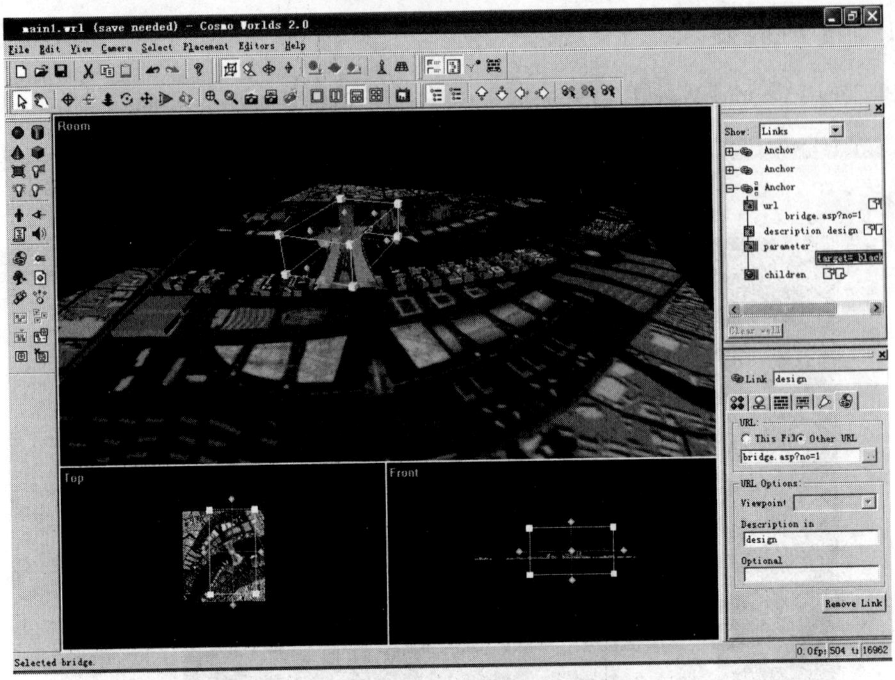

图 2-9 编辑超链接

(5) 用同样方法对"花桥"对象输入结点描述 bridge，超链接地址 bridge. asp?no＝2，超链接描述 bridge 和参数 target＝_black。

(6) 对"中国馆"对象输入结点描述 china，超链接地址 bridge. asp?no＝3，超链接描述 china 和参数 target＝_black。

(7) 将文件保存为 main2. wrl。

2.3.2 增加背景音乐

用 VrmlPad 打开 main2. wrl 文件，在代码的最后添加下列代码：

```
DEF bg Sound {
    source AudioClip {
        url "bg.mid"
        loop TRUE
    }
    location 0 0 0
    direction 0 0 -1
    minBack 10
    minFront 10
    maxBack 70
    maxFront 70
}
```

DEF 定义了一个 Sound 结点 bg，通过 source 域指定声源结点，通过 location 域指定声源的位置，通过 direction 域指定声源发声指向，通过 minBack、minFront、maxBack 和 maxFront 指定声强的变化范围。这样，随着场景的变化，声音会随之变化。

声源结点 AudioClip 指定声音数据，url 域指定声源是位于同一目录下的 bg. mid 文件，loop 域的值为 TRUE 表示声音循环播放。

2.3.3 增加视点

使用 Viewpoint 结点定义视点，视点相当于观察者在虚拟世界的眼睛，观察者从这个视点开始浏览场景世界，系统的默认视点是 persp。将下面的代码添加到文档的最后，添加两个视点 viewall 和 walk。

```
DEF viewall Viewpoint {
    position 5.71707 6.76325 -15.9304
    orientation -0.0203352 0.981195 0.191943  2.93443
    fieldOfView 0.950022
    description "viewall" }
DEF walk Viewpoint {
    position 2.53666 0.250985 -7.2786
    orientation 0.00329441 0.999056 -0.0433109  2.98993
    fieldOfView 1.48353
    description "walk" }
```

Viewpoint 结点的 position 域指定视点在坐标系中的坐标。

orientation 域决定视线在坐标系中的方向，其默认方向以坐标系的 x 轴正方向为右，y 轴正方向为上，视线指向 z 轴负方向，该域通过指定默认方向旋转后得到的新方向来定义视线方向。

fieldOfView 域指定观察者视野的大小，单位是弧度，该值必须为 $0\sim\pi$。

description 域用来识别 Viewpoint 结点。通常浏览器会在界面上列出这一描述以供用户选择不同的视点。图 2-10 从左到右分别是 persp、viewall、walk 这 3 个视点的效果图。

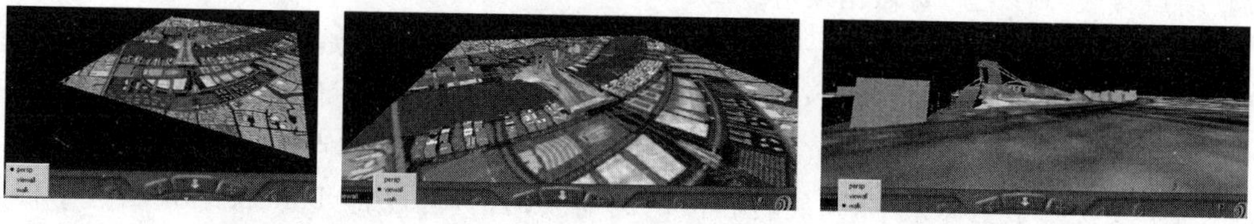

图 2-10　3 个不同视点的效果图

2.3.4 添加灯光

VRML 本来就具有默认灯光，即使不设置任何灯光，也可以看到物体，但是加上灯光可以更好地调节气氛。灯光有聚光灯源(SpotLight)、点光源(PointLight)以及平行光源(DirectionalLight)3 种，下面是选择平行光源作为太阳光的源代码：

```
DEF light DirectionalLight {
    intensity 0.7
    color 1 0.993066 0.639587
    direction -0.866027 -0.499997 -2.98023e-008 }
```

DirectionalLight 结点中的 intensity 域指定灯光亮度，color 域指定光源颜色，direction 指定灯光照射的方向。

将文件保存为 main3.wrl 文件，运行该文件，听到循环播放的背景音乐。选择视点可以看到不同的浏览效果，但不能实现动画效果。超链接出现，但由于对应的文件尚未建立，无法实现数据库链接功能。

2.3.5 视点动画效果的实现

VRML 的动画产生是由于改变了任何一个坐标系的位置、方向和形体比例，从而使物体按设定的方式飞行、平移、旋转或按比例缩放。动画实现的基本要素是动画过程的描述和时间控制的描述。VRML 提供了适用于不同数据类型的插补器结点，用于实现各种数据类型变化过程的描述，包括坐标系位置、方向或比例的变化。通过时间传感器 TimeSensor 结点进行时间控制的描述，包括动画的开始、结束和播放速度等。

为了使虚拟空间具有动感，可以在构造指令中包含绑定指令，绑定指令描述如何将结点绑定在一起。VRML 绑定包括绑定在一起的结点和在结点之间绑定的路由。当一个结点接收到一个事件时，它将根据结点的特征开始动画或者其他事情。通过绑定多个结点，用户可以创建许多路由，从而使空间更加具有动感。

每个结点都有输入、输出，一些结点同时具有输入、输出，而另外的一些结点仅有其中的一种。结点的输入称为 eventIn，输出称为 eventOut。当链接一个路由时，eventIn 接受输入，eventOut 将事件输出。

结点的输入输出也有类型，例如一个 SFFloat 类型的 eventOut，当它绑定一个路由时，输出浮点数。SFFloat 类型的 eventIn，能够接收浮点值。

创建路由之后，路由将处于睡眠状态，直到有一个事件从发送结点发送到接收结点，接收结点接收事件之后将做出反应。

TimeSensor 结点的作用像一个时钟，它可以被用来执行开始，停止或者其他控制动画的动作。随着时间的流逝，这个传感器就会产生事件来表示时间的变化。通过将这些事件从 TimeSensor 结点的 eventOut 路由到其他结点，使这些结点发生相应的变化。

如果要使一个坐标系平移、旋转和按比例缩放的话，可以将 TimeSensor 结点事件路由至 PositionInterpolator 和 OrientationInterpolator 结点。在这些结点中产生新的位置和旋转值，并通过它们的 eventOut 传送这些值。按顺序将这些值路由到 Transform 结点或 ViewPoint 结点，就可以使结点的坐标系随动画过程的发展而发生平移、旋转和按比例缩放。

VRML 对一个动作过程不论其所用时间长短，统一设置为 0.0～1.0 的过程。通过指定其中几个关键时刻的变量值，采用关键帧动画的技术，使得动画过程能够显示出一个平滑变化过程。VRML 插补器结点使用这些关键的时刻和值作为动画的框架，然后使用线形内插的方法自动计算关键值之间的中间值，并将它们应用到变化量中。

为了把一个插补器结点绑定到一个动画线路上，将时间传感器的 fraction_changed 域(eventOut 出事件)路由至插补器的 set_fraction 域(eventIn 入事件)，每次时间传感器输出一个新的时刻，插补器使用输入的时刻计算一个新的位置或旋转值，然后通过其 value_changed 域(eventOut 出事件)输出，而该输出又依次绑定到一个结点，如 ViewPoint 结点，使该结点的坐标系随时间传感器的计时变化而平移或旋转。

1. 位置插补器 PositionInterpolator

PositionInterpolator 结点的计算输出值是一个 SFVec3f 类型，被设计为使用平移值或三维坐标值的结点输入。可利用 PositionInterpolator 动态改变观察位置，或改变形体的位置。

PositionInterpolator 结点允许对三维空间的一个坐标点进行动画关键帧的插值操作。建立插补器时，为动画的不同变化完成比率设置相应的坐标值。通常坐标插补器从时间传感器接收 set_fraction 事件，经处理后，将输出值发送给下一结点。

将下列代码添加在 main3.wrl 文件后(“#”后面的文字为注释，可以不输入)：

```
PROTO KfaPositionInterpolator [
#用 PROTO 定义来创建新结点类型 KfaPositionInterpolator，这个结点用来存放物
#体动画位置的参数。
    eventIn SFFloat set_fraction
    #定义 set_fraction 为 eventIn 事件，类型为单一浮点值，控制动画的完成比率。
    eventOut SFVec3f value_changed
    #定义 value_changed 为 eventOut 事件，类型为单一 3D 浮点数矢量值，
    #控制与比率相对应的坐标值。
    exposedField MFFloat key 0
    #定义 key 为可见域，类型为多值浮点值，默认值为 0。
    exposedField MFVec3f keyValue 0 0 0
    #定义 keyValue 为可见域，类型为单一 3D 浮点数矢量值，默认值为 0 0 0。
]
{
    PositionInterpolator {
        key IS key
        #  将 KfaPositionInterpolator 的 key 可见域作为 PositionInterpolator
        #  的 key 可见域用，下面语句的功能相同。
        set_fraction IS set_fraction
        keyValue IS keyValue
        value_changed IS value_changed
    }
}
```

在 PROTO 中的 PositionInterpolator{}是一个结点体，结点体能够使结点体内的结点 PositionInterpolator 与 KfaPositionInterpolator 中的各个域、eventIn 事件和 eventOut

事件之间进行自动的链接。这样，当使用 KfaPositionInterpolator 这个结点时，它将本结点的各个参数包含在 PositionInterpolator 结点中，并通过自动链接可以对参数进行重复使用。

key 域用于指定关键帧时间比率列表，通常为 0.0～1.0，包括 0.0 和 1.0，关键时刻必须按递增列出。

keyvalue 域用于指定一个关键位置的坐标列表，每一个关键位置都是一组由 x、y 和 z 浮点值组成的三维坐标或平移距离。

关键时刻与位置一起使用，其目的是第一个时刻指定第一个关键位置的时间，第二个时刻指定第二个关键位置的时间……列表中可以提供任意数目的时刻和位置，但是两者必须包括相同数目的列表值。

当一个 PositionInterpolator 结点接收到一个时刻时，它将计算基于关键位置列表和相关关键时刻的一个位置，新计算出的位置由 value_changed 域(eventOut 出事件)输出。

2. 方向插补器 OrientationInterpolator

OrientationInterpolator 结点的输出是一个 SFRotation 类型，被设计为旋转结点的输入。利用 OrientationInterpolator 可改变观察方向或者形体的方向。

将下列代码添加在 main3. wrl 文件后：

```
PROTO KfaOrientationInterpolator [
#同上面的结点定义相似,用来存放物体动画角度的参数。
    eventIn SFFloat set_fraction
    eventOut SFRotation value_changed
    exposedField MFFloat key 0
    exposedField MFRotation keyValue 0 0 1  0
]
{
    OrientationInterpolator {
        key IS key
        set_fraction IS set_fraction
        keyValue IS keyValue
        value_changed IS value_changed
    }
}
```

key 域用于指定关键帧时间比率列表，同 PositionInterpolator 中一致。

keyvalue 域用于指定方向值列表，每个值对应一个关键帧，可在其间插值。它指定了一个旋转关键值的列表，每一个旋转关键值是一个 4 个值的组，前 3 个值指定了一个旋转轴的 x、y 和 z 分量，第 4 个值指定了旋转轴的一个旋转角度。

关键时刻与旋转值一起使用，其目的是在第一个时刻指定第 1 个关键旋转值，第 2 个时刻指定第 2 个关键旋转值……列表中可以提供任意数目的时刻和旋转，但是两者必须包括相同数目的列表值。

当一个 OrientationInterpolator 结点接收到一个时刻时，它将计算基于关键旋转列表和相关关键时刻的一个旋转值，新计算出的旋转值由 value_changed 域（eventOut 出事件）输出。

3. 定义动画结点

将下列代码添加在 main3. wrl 文件：

```
PROTO KfaAnimation [
    field SFNode timeSensor NULL
    #  timeSensor 结点域被定义为单结点值,用于创建定时器。
    field MFNode fieldInterps []
    #  fieldInterps 结点域被定义为多结点值,用于包含动画结点的参数。
]
{
    Group {
    }
}
```

定义该结点的目的是为了被动画 round 引用。

4. 时间传感器 TimeSensor

TimeSensor 结点像时钟一样标记时间的流逝，被用来执行开始、停止或其他控制动画的动作，通过将 TimeSensor 结点的 eventOut 路由到其他结点，可以使这些结点发生相应的变化。

将下列代码添加在 main3. wrl 文件：

```
DEF round KfaAnimation {
#定义动画名称为 round,结点类型为前面使用 PROTO 关键字定义的 KfaAnimation。
    timeSensor DEF time TimeSensor {
    #  DEF time TimeSensor 表示定义一个 TimeSensor 结点,它的名称为 time。
    #  而 round 的 timeSensor 域包含这个名称为 time 的 TimeSensor 结点。
    #  注意:TimeSensor 和 timeSensor 的意义是不一样的,这是由于 VRML 是区
    #  分大小写的,在这儿,TimeSensor 是表示一个预定义结点,而 timeSensor
    #  则表示 round 结点中的一个可见域。
        startTime -1
        #  控制动画的开始时间,-1 表示动画一被触发就开始播放。
        cycleInterval 16
        #  控制动画的播放时间,此处为 16 秒。
        loop TRUE
        #  控制动画是否为循环播放,此处 TRUE 表示循环播放。
        #  如需要改变动画播放的效果,通过改变这 3 个参数控制动画效果。
    }
    fieldInterps [
```

```
# fieldInterps 包含动画关键帧参数,这些参数的作用在于控制动画在某个时间
# 点时处于某个状态的参数,包括时间参数,位置动画参数,角度动画参数。
    DEF pos KfaPositionInterpolator {
    # 定义一个名为 pos 的 KfaPositionInterpolator 结点,存放位置动画参数。
    # 其下的可见域 key 是用来存放位置动画关键帧相对时间点的域,其值为
    # 0~1,递增排列,共 161 个值。
      key [ 0, 0.00625, 0.0125, 0.01875,
          0.025, 0.03125, 0.0375, 0.04375,
          0.05, 0.05625, 0.0625, 0.06875,
          0.075, 0.08125, 0.0875, 0.09375,
          0.1, 0.10625, 0.1125, 0.11875,
          0.125, 0.13125, 0.1375, 0.14375,
          0.15, 0.15625, 0.1625, 0.16875,
          0.175, 0.18125, 0.1875, 0.19375,
          0.2, 0.20625, 0.2125, 0.21875,
          0.225, 0.23125, 0.2375, 0.24375,
          0.25, 0.25625, 0.2625, 0.26875,
          0.275, 0.28125, 0.2875, 0.29375,
          0.3, 0.30625, 0.3125, 0.31875,
          0.325, 0.33125, 0.3375, 0.34375,
          0.35, 0.35625, 0.3625, 0.36875,
          0.375, 0.38125, 0.3875, 0.39375,
          0.4, 0.40625, 0.4125, 0.41875,
          0.425, 0.43125, 0.4375, 0.44375,
          0.45, 0.45625, 0.4625, 0.46875,
          0.475, 0.48125, 0.4875, 0.49375,
          0.5, 0.50625, 0.5125, 0.51875,
          0.525, 0.53125, 0.5375, 0.54375,
          0.55, 0.55625, 0.5625, 0.56875,
          0.575, 0.58125, 0.5875, 0.59375,
          0.6, 0.60625, 0.6125, 0.61875,
          0.625, 0.63125, 0.63750, 0.64375,
          0.65000, 0.65625, 0.66250, 0.66875,
          0.67500, 0.68125, 0.68750, 0.69375,
          0.70000, 0.70625, 0.71250, 0.71875,
          0.72500, 0.73125, 0.73750, 0.74375,
          0.75, 0.75625, 0.7625, 0.76875,
          0.775, 0.78125, 0.7875, 0.79375,
          0.8, 0.80625, 0.8125, 0.81875,
          0.825, 0.83125, 0.8375, 0.84375,
          0.85, 0.85625, 0.8625, 0.86875,
          0.875, 0.88125, 0.88750, 0.89375,
          0.90000, 0.90625, 0.91250, 0.91875,
          0.92500, 0.93125, 0.93750, 0.94375,
```

```
        0.95000, 0.95625, 0.96250, 0.96875,
        0.97500, 0.98125, 0.98750, 0.99375,
        1 ]
    #  可见域 keyValue 是用来存放位置动画关键帧位置值的域,每一个
    #  关键位置都是一组由 x、y 和 z 浮点值组成的三维坐标,其列表值
    #  的数目必须与 key 中的数目相同,本例中共有 161 组值。
    #  书中只列出部分数值,读者可以到网上下载全部数值。
    keyValue [ 5.71707 6.76325 -15.9304,
        5.3118 6.79267 -15.7051,
        …
        5.99471 6.74934 -15.4629,
        5.71707 6.76325 -15.9304 ]
}
DEF angle KfaOrientationInterpolator {
#  angle 结点与 pos 结点相似,用于存放动画角度的参数,
#  可见域 key 的值与 pos 结点 key 的值一致。
    key [ 0, 0.00625, 0.0125, 0.01875,
        0.025, 0.03125, 0.0375, 0.04375,
        0.05, 0.05625, 0.0625, 0.06875,
        0.075, 0.08125, 0.0875, 0.09375,
        0.1, 0.10625, 0.1125, 0.11875,
        0.125, 0.13125, 0.1375, 0.14375,
        0.15, 0.15625, 0.1625, 0.16875,
        0.175, 0.18125, 0.1875, 0.19375,
        0.2, 0.20625, 0.2125, 0.21875,
        0.225, 0.23125, 0.2375, 0.24375,
        0.25, 0.25625, 0.2625, 0.26875,
        0.275, 0.28125, 0.2875, 0.29375,
        0.3, 0.30625, 0.3125, 0.31875,
        0.325, 0.33125, 0.3375, 0.34375,
        0.35, 0.35625, 0.3625, 0.36875,
        0.375, 0.38125, 0.3875, 0.39375,
        0.4, 0.40625, 0.4125, 0.41875,
        0.425, 0.43125, 0.4375, 0.44375,
        0.45, 0.45625, 0.4625, 0.46875,
        0.475, 0.48125, 0.4875, 0.49375,
        0.5, 0.50625, 0.5125, 0.51875,
        0.525, 0.53125, 0.5375, 0.54375,
        0.55, 0.55625, 0.5625, 0.56875,
        0.575, 0.58125, 0.5875, 0.59375,
        0.6, 0.60625, 0.6125, 0.61875,
        0.625, 0.63125, 0.63750, 0.64375,
        0.65000, 0.65625, 0.66250, 0.66875,
        0.67500, 0.68125, 0.68750, 0.69375,
```

```
                0.70000, 0.70625, 0.71250, 0.71875,
                0.72500, 0.73125, 0.73750, 0.74375,
                0.75, 0.75625, 0.7625, 0.76875,
                0.775, 0.78125, 0.7875, 0.79375,
                0.8, 0.80625, 0.8125, 0.81875,
                0.825, 0.83125, 0.8375, 0.84375,
                0.85, 0.85625, 0.8625, 0.86875,
                0.875, 0.88125, 0.88750, 0.89375,
                0.90000, 0.90625, 0.91250, 0.91875,
                0.92500, 0.93125, 0.93750, 0.94375,
                0.95000, 0.95625, 0.96250, 0.96875,
                0.97500, 0.98125, 0.98750, 0.99375,
                1 ]
                #  可见域 keyValue 中的值是旋转轴的 x、y、z 分量以及旋转角
                #  度,共有 161 组值。
                #  书中只列出部分数值,读者可以到网上下载全部数值。
            keyValue [ -0.0203352 0.981195 0.191943  2.93443,
                -0.0182153 0.981139 0.192444  2.95248,
                …
                -0.0222436 0.981187 0.191777  2.91264,
                -0.0203352 0.981195 0.191943  2.93443 ]
        }
    ]
}
```

5. 视点动画功能的实现

VRML 的动画制作步骤如下。

(1) 定义需要实现动画的结点,例如 ViewPoint 或 Transform。

(2) 定义一个 TimeSensor,确定变化周期及循环方式。

(3) 定义 PositionInterpolator 结点和 OrientationInterpolator 结点。

(4) 给出两个 ROUTE 语句,一个将 TimeSensor 的变化传给 PositionInterpolator 和 OrientationInterpolator 结点,另一个将 PositionInterpolator 和 OrientationInterpolator 结点的变化传给 ViewPoint 或 Transform。

前面的程序已经完成了步骤(1)～(3),下面的程序将完成最后一步的工作。将下列代码添加在 main3. wrl 文件后,实现 viewall 视点的动画:

```
ROUTE pos.value_changed TO viewall.set_position
ROUTE angle.value_changed TO viewall.set_orientation
ROUTE viewall.bindTime TO time.set_startTime
ROUTE time.fraction_changed TO pos.set_fraction
ROUTE time.fraction_changed TO angle.set_fraction
```

以上几个语句是动画的关键,ROUTE 结点的作用是在各个结点的 eventOut 和

eventIn 之间建立链接。

ROUTE pos. value_changed TOviewall. set_position：表示当 pos 结点的值变化时，把这个值传递给 viewall 结点的位置域，这样就设置了 viewall 结点的新位置，也就是视点的新位置。

ROUTE angle. value_changed TOviewall. set_orientation：同前句相似，视点被设定了新角度。

ROUTEviewall. bindTime TO time. set_startTime：表示当视点被绑定(选中)时，把此时的绝对时间传递给 time 结点，使计时器可以计算动画中的时间。

ROUTE time. fraction_changed TO pos. set_fraction：表示当时间变化时，pos 结点也被刷新。

ROUTE time. fraction_changed TO angle. set_fraction：同上面相似，angle 结点在时间变化时被刷新。

将文件保存为 main4. wrl。运行该文件，选择 viewall 视点，实现动画效果。

2.3.6　链接数据库

要实现数据库链接功能，首先必须建立数据源链接。

1. 建立数据源链接

为了建立同数据源 db1. mdb 的链接，编写 techcomp. asp 文件，保存在服务器的子目录 C：\Inetpub\wwwroot\connections 中。内容如下：

```
<%var MM_techcomp_STRING ="driver={microsoft access driver (*.mdb)}; dbq=c:\
\Inetpub\\wwwroot\\db1.mdb"
%>
```

2. 实现数据库查询

若要在单击世博会场馆模型中的“桥面”“花桥”“中国馆”后，就可以调用数据库中的内容并产生新页面，就需要创建 bridge. asp 文件并保存在 C：\Inetpub\wwwroot 目录中，内容如下：

```
<!--第 1 部分>
<%@LANGUAGE="JAVASCRIPT"%>
<!--#include file="Connections/techcomp.asp" -->
<%
var Recordset1__MMColParam ="1";
if (String(Request.QueryString("no")) !="undefined" &&
    String(Request.QueryString("no")) !="")
    { Recordset1__MMColParam =String(Request.QueryString("no")); }
%>
<!--第 2 部分>
```

```
<%
var Recordset1 = Server.CreateObject("ADODB.Recordset");
Recordset1.ActiveConnection = MM_techcomp_STRING;
Recordset1.Source = "SELECT * FROM 建筑 WHERE 编号 = "+ Recordset1__MMColParam.
replace(/'/g, "''") + "";
Recordset1.CursorType = 0;
Recordset1.CursorLocation = 2;
Recordset1.LockType = 1;
Recordset1.Open();
var Recordset1_numRows = 0;
%>
<!--第3部分>
<html>
<head><title>上海2010年世博会</title></head>
<body>
<p><%=(Recordset1.Fields.Item("建筑名称").Value)%></p>
<p><%=(Recordset1.Fields.Item("建筑内容").Value)%></p>
</body>
</html>
<%
Recordset1.Close();
%>
```

第1部分代码利用ASP内置对象Request的QueryString方法，通过在main.wrl文件中的超链接url"bridge.asp?no=1"，返回no的值，以决定要查询数据库的哪一条记录。这样，当单击世博会场馆模型中的"桥面""花桥""中国馆"时，分别与db1.mdb中的第1、2、3条记录相对应。

第2部分代码使用ADO数据库访问组件的RecordSet对象，完成对数据库记录的查询。

第3部分代码将查询得到的数据库记录按照一定的格式通过HTML文件显示。例如，当单击世博会场馆模型中的"花桥"时，通过"bridge.asp?no=2"与db1.mdb中的第2条记录相对应，将查询到的纪录，按照指定的格式显示，如图2-11所示。

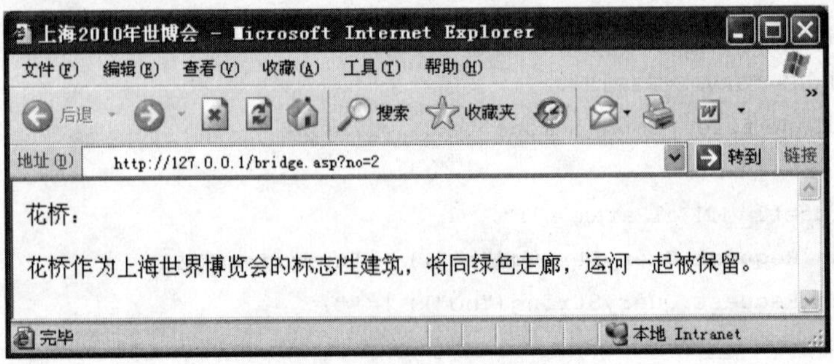

图2-11 对数据库的查询结果

至此，动画功能和超链接功能全部完成。若需要在运行时立刻播放动画，只要将路由中的视点改变即可。将 2.3.5 节"5. 视点动画功能的实现"中对应的 viewall 视点改为 persp，相应程序如下：

```
ROUTE pos.value_changed TO persp.set_position
ROUTE angle.value_changed TO persp.set_orientation
ROUTE persp.bindTime TO time.set_startTime
```

将文件保存在服务器目录 C:\Inetpub\wwwroot 下，文件名为 main.wrl，通过在浏览器中输入 127.0.0.1/main.wml，打开该文件，立即出现动画效果。单击超链接，出现类似图 2-11 所示的预期的效果。

实验3 使用HTML5制作《石头剪刀布》小游戏

3.1 实验目的与要求

应用编程接口(application program interface,API)是访问一个软件应用的编程指令和标准的集合,使用API可以设计出由API提供的服务来驱动的产品。

HTML5拥有一些新的API,除了不需要插件直接播放音频、视频的Audio/Video,可以画出很多绚丽图形的Canvas外,还包括获取用户地理位置的Geolocation、支持离线Web应用的Offline、把浏览历史变成可访问的历史记录History,以及在浏览器中实现本地拖放功能的Drag&Drop,等等。

本实验通过HTML5的Drag&Drop实现《石头剪刀布》小游戏,在如图3-1所示的页面中,可以拖动石头到剪刀上、拖动剪刀到布上、拖动布到石头上,但不能反向拖动。

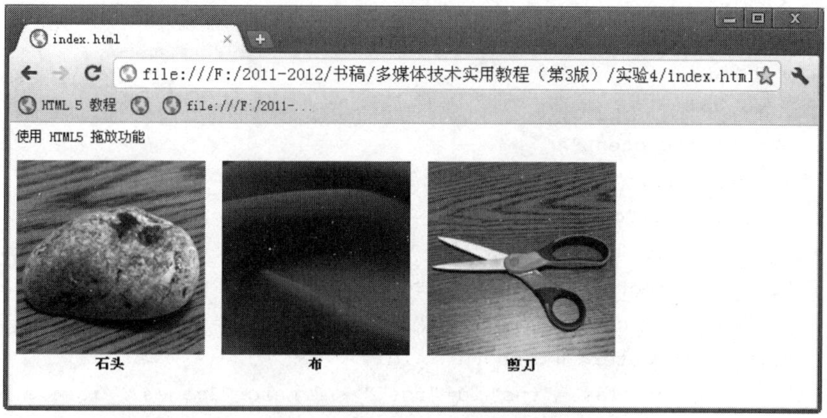

图3-1 《石头剪刀布》游戏的页面

3.2 拖放API

以前要实现元素的拖放效果，基本都是通过 Mousedown、Mouseove、Mouseup 等事件来监听鼠标的动作，不停地获取鼠标的坐标来修改元素的位置。这不仅导致代码比较多，而且性能也不是很好。现在通过 Drag & Drop 方便了许多，性能也得到了提高。

所有的 HTML 元素都具有 draggable 属性，要想让对象能够被拖动，只要设置对象的 draggable 属性为 true 即可。draggable 属性具有 3 个值：true 表示能够被拖动，false 表示不能够被拖动，auto 表示视浏览器而定。

拖放事件如表 3-1 所示，有了这些事件，通过 JavaScript 就可以处理整个拖曳过程。

表 3-1 拖放事件

事件	描述	目标
dragstart	开始拖对象时触发	被拖动对象
dragenter	当对象第一次被拖到目标对象上时触发，同时表示该目标对象允许“放”这动作	目标对象
dragover	当对象拖到目标对象时触发	当前目标对象
dragleave	在拖动过程中，当被拖动对象离开目标对象时触发	先前目标对象
drag	每次当对象被拖动时就会触发	被拖动对象
drop	当发生“放”这动作时触发	当前目标对象
dragend	在拖放过程，松开鼠标时触发	被拖动对象

3.2.1 正文内容

输入下列代码，保存为 index. html。

```
<html>
<head>
</head>
<body>
<div id="content">
    <p class="message" id="statusMessage" />
    <div id="columns">
        <div class="rps" id="rps1"><img src="Images/Rock.png" draggable=
"true" /><footer>石头</footer></div>
        <div class="rps" id="rps2"><img src="Images/Cloth.png" draggable=
"true" /><footer>布</footer></div>
        <div class="rps" id="rps3"><img src="Images/Scissors.png" draggable=
"true" /><footer>剪刀</footer></div>
    </div>
</div>
```

```
</body>
</html>
```

程序中的 div 元素用来把一组元素包裹起来，通常它与 id、class 等属性一起使用来达到某种目的。与 id 属性一起使用，给这组元素定义样式或通过 Javascript 来选择该组元素；与 class 属性一起使用，给这组元素定义样式。

程序中 3 幅图片的 draggable 属性均设置为 true，表示可以被拖动。

程序中的 footer 标签定义每幅图片的页脚，效果如图 3-2 所示。

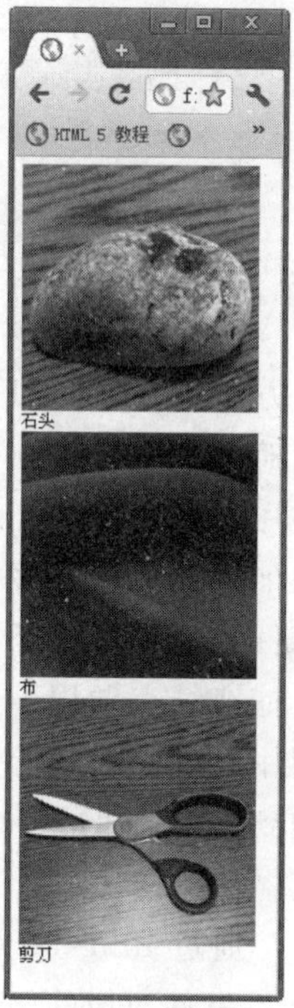

图 3-2　正文内容

3.2.2　文档头内容

上述程序实现了图片及页脚显示，但不能拖动图片。

(1) 在<head>与</head>之间添加代码如下：

```
<script type="text/javascript">
    var dndSupported;
    var dndEls =new Array();
    var draggingElement;
    var winners ={
        石头: '布',
        布: '剪刀',
        剪刀: '石头'
    };
    var hoverBorderStyle ='2px dashed #999';
    var normalBorderStyle ='2px solid white';
    var elStatus;
    window.onload =function() {
        init();
    }
    function init() {
            statusMessage('使用 HTML5 拖放功能');
            dndEls.push(element('rps1'), element('rps2'), element('rps3'));
            for(var i =0; i <dndEls.length; i++) {
                dndEls[i].addEventListener('dragstart', handleDragStart, false);
                dndEls[i].addEventListener('dragend', handleDragEnd, false);
                dndEls[i].addEventListener('dragover', handleDragOver, false);
                dndEls[i].addEventListener('dragenter', handleDragEnter, false);
                dndEls[i].addEventListener('dragleave', handleDragLeave, false);
                dndEls[i].addEventListener('drop', handleDrop, false);
            }
    }
    function statusMessage(s) {
```

```
        if(!elStatus) elStatus =element('statusMessage');
        if(!elStatus) return;
        if(s) elStatus.innerHTML =s;
        else elStatus.innerHTML =' ';
    }
    function element(id) { return document.getElementById(id); }
</script>
```

程序首先定义变量，通过 JavaScript 中的 window. onload 方法在页面加载时调用 init()函数。

在 init()函数中，首先调用 statusMessage()函数，在页面最上方显示“使用 HTML5 拖放功能”文字信息，如图 3-3 所示，并在随后的拖放过程中显示相关信息，然后通过 push 方法将 3 幅图片添加到数组。在循环语句中，通过 addEventListener 方法添加事件处理程序，其中的 3 个参数为要处理的事件名、作为事件处理程序的函数和一个布尔值。布尔值参数为 true，表示在捕获结点调用事件处理程序；如果是 false，表示在冒泡结点调用事件处理程序。大多数情况下，都是将事件处理程序添加到事件流的冒泡阶段，这样可以最大限度地兼容各种浏览器。

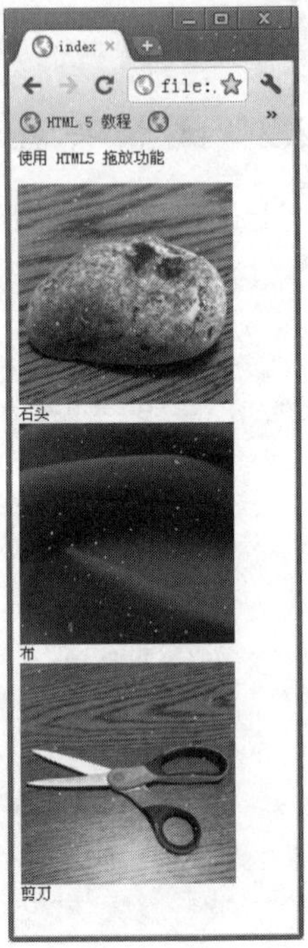

图 3-3 显示文字信息

通过 dragstart、dragend、dragover、dragleave、dragleave 和 drop 事件对应的函数实现拖放功能。

(2) 编写对应函数的代码如下：

```
function handleDragStart(e) {
    var rpsType =getRPSType(this);
    draggingElement =this;
    statusMessage('拖' +rpsType);
    this.style.opacity ='0.4';
    this.style.border =hoverBorderStyle;
    e.dataTransfer.setDragImage(getRPSImg(this), 120, 120);
}
function handleDragEnd(e) {
    this.style.opacity ='1.0';
    draggingElement.className =undefined;
    draggingElement =undefined;
    for(var i =0; i <dndEls.length; i++) {
        dndEls[i].style.border =normalBorderStyle;
    }
}
function handleDragOver(e) {
    if(e.preventDefault) e.preventDefault();
    this.style.border =hoverBorderStyle;
```

```
        return false;
    }
    function handleDragEnter(e) {
        if(this !==draggingElement) statusMessage('拖动 '+getRPSType(draggingElement)+
    '到 '+getRPSType(this)+'上 ');
        this.style.border =hoverBorderStyle;
    }
    function handleDragLeave(e) {
        this.style.border =normalBorderStyle;
    }
    function handleDrop(e) {
        if(e.stopPropegation) e.stopPropagation();
        if(e.preventDefault) e.preventDefault();
        if(this.id ===draggingElement.id) return;
        else isWinner(this, draggingElement);
    }
```

handleDragStart( ) 函数实现拖动某个图片时，使其外围边框应用变量 hoverBorderStyle 定义的样式，并且在原显示"使用 HTML5 拖放功能"文字信息的地方，根据拖动的图片，显示"拖 石头""拖 剪刀"或"拖 布"的信息，如图 3-4 所示。

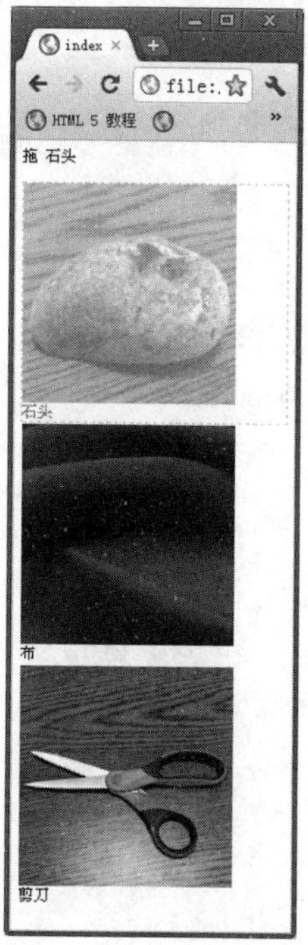

图 3-4　函数 handleDragStart()功能

handleDragEnd( ) 函数在结束拖动后，将图片的外围边框应用变量 normalBorderStyle 恢复原状。

handleDragOver()函数在将图片拖到要被替换的图片上时，使被替换图片的外围边框应用变量 hoverBorderStyle 定义的样式。

handleDragEnter()函数在将图片拖到要被替换的图片上时，在原显示“使用 HTML5 拖放功能”文字信息的地方，根据拖动的图片及要被替换的图片，显示“拖动 布 到 石头 上”等信息，如图 3-5 所示。

图 3-5 handleDragOver()函数和 handleDragEnter()函数功能

handleDragLeave()函数在离开要被替换的图片时，将图片的外围边框应用变量 normalBorderStyle 恢复原状。

handleDrop()函数在完成拖动后，调用 isWinner()函数判断是否能实现图片替换功能，并显示相关信息。

(3) 编写对应函数的代码如下：

```
function isWinner(under, over) {
    var underType =getRPSType(under);
    var overType =getRPSType(over);
    if(overType ==winners[underType]) {
        statusMessage(overType +' 赢 ' +underType);
        swapRPS(under, over);
    } else {
        statusMessage(overType +' 不能赢 ' +underType);
    }
}
function getRPSType(e) {
    var footer =getRPSFooter(e);
    if(footer) return footer.innerHTML;
    else return undefined;
}
function getRPSFooter(e) {
    var children =e.childNodes;
    for( var i =0; i <children.length; i++) {
        if( children[i].nodeName.toLowerCase() =='footer' ) return children[i];
    }
    return undefined;
}
function swapRPS(a, b) {
    var holding =Object();
    holding.img =getRPSImg(a);
    holding.src =holding.img.src;
    holding.footer =getRPSFooter(a);
    holding.type =holding.footer.innerHTML;
```

```
        holding.img.src =getRPSImg(b).src;
        holding.footer.innerHTML =getRPSType(b);
        getRPSImg(b).src =holding.src;
        getRPSFooter(b).innerHTML =holding.type;
    }
    function getRPSImg(e) {
        var children =e.childNodes;
        for( var i =0; i <children.length; i++) {
            if( children[i].nodeName.toLowerCase() =='img' ) return children[i];
        }
        return undefined;
    }
```

isWinner( ) 函数根据程序开始时定义的变量 winners，判断图片是否能替换。若能替换，显示“布 赢 石头”等信息，并调用 swapRPS()函数实现调换图片位置的功能，如图 3-6 所示；若不能替换，显示“石头不能赢布”等信息。

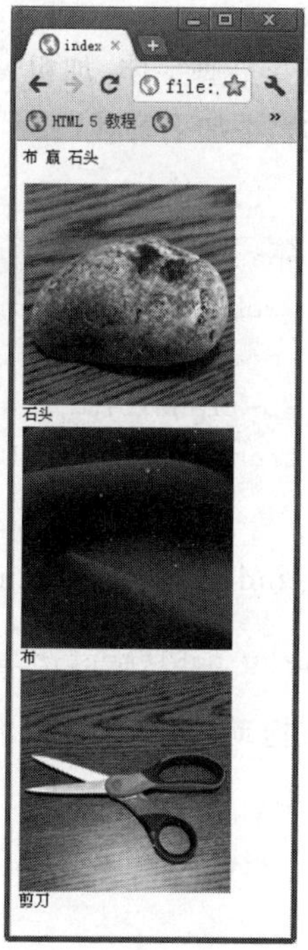

图 3-6　替换并显示相关信息

3.2.3　CSS 文件

在上述程序编写的页面中，图片是从上往下显示的，图片在拖动的时候大小没有发生变化，页脚的位置在左侧，这些都可以通过 CSS 文件做相应的改变。

（1）编写 index. css 文件如下：

```
#columns div {
    float: left;
    margin-right: 20px;
    border: 2px solid white;
}
```

margin 属性设置元素的外边距，在元素外创建额外的“空白”。

在 index. html 的<head>下添加语句：

```
<link rel="stylesheet" type="text/css" href="CSS/index.css" />
```

效果如图 3-7 所示。

（2）继续添加下列代码：

```
#columns footer {
    font-family: Helvetica, Arial, sans-serif;
    font-weight: bold;
    text-align: center;
}
```

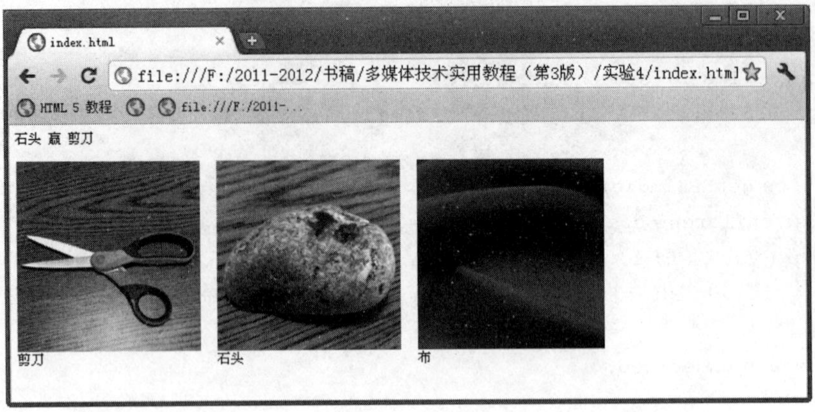

图 3-7　横向显示效果

改变页脚字体、加粗、居中，效果如图 3-1 所示。

(3) 添加下列代码：

```
div.moving {
  opacity: 0.25;
  -webkit-transform: scale(0.8);
  -moz-transform: scale(0.8);
  -o-transform: scale(0.8);
  transform: scale(0.8);
}
```

在 index.html 的 handleDragStart()函数中添加代码：

```
draggingElement.className = 'moving';
```

在拖动图片时，被拖的图片是原来的 0.8 倍。

实验 4 使用微信小程序设计网络音乐播放器

4.1 实验目的与要求

本实验设计一个类似 QQ 音乐 APP 的音乐播放器微信小程序，如图 4-1 所示。

图 4-1 小程序界面

网络音乐播放器微信小程序的具体设计要求如下：

(1) 音乐播放器可实时获取来自 QQ 音乐官方平台的音乐资源，并可进行播放控制；

(2) 音乐播放器首页可进行不同页签的切换；

(3) 首页包含不同的音乐分类列表；

（4）具备音乐排行榜功能；

（5）具备按歌曲名称、歌手名称、专辑名称搜索的功能，并能同步 QQ 音乐官方热搜列表。

4.2 设计思路及相关知识点

4.2.1 设计思路

总体思路为先搭建小程序界面整体框架，再针对不同类型的页面进行导航跳转，页面按类别分级设计。需要考虑的问题如下：

（1）获取 QQ 平台官方音乐资源时，需要用到网络请求 API，可用 wx. request(OBJECT)来访问 QQ 音乐服务器；

（2）进行界面布局的时候，需要使用微信小程序的组件和添加相应的样式；

（3）设计音乐播放的时候，需要使用媒体音频播放 API，可用 wx. getBackgroundAudioPlayerState(OBJECT)、wx. playBackgroundAudio(OBJECT)进行播放控制；

（4）设计本地音乐页签切换效果需要借助于 swiper 滑块视图容器组件，动态切换不同页签对应的内容。

4.2.2 相关知识点

1. wx. request 请求服务器数据 API

wx. request(OBJECT)是用来请求服务器数据的 API，它发起 HTTPS 请求，同时需要在微信公众平台配置 HTTPS 服务器域名。一个月内可申请 3 次修改，否则在有 AppID 创建的项目将无法使用 wx. request 请求服务器数据的 API。WebSocket 会话、文件上传下载服务器域名都是如此。wx. request(OBJECT)参数说明如表 4-1 所示。

表 4-1 wx. request 参数列表

属性	类型	必填	说 明
url	String	是	开发者服务器接口地址
Data	Object、String	否	请求的参数
header	Object	否	设置请求的 header，header 中不能设置 Referer
method	String	否	默认为 GET，有效值有 OPTIONS、GET、HEAD、POST、PUT、DELETE、TRACE 和 CONNECT
dataType	String	否	默认为 json
success	Function	否	收到开发者服务成功返回的回调函数，res = {data:'开发者服务器返回的内容'}
fail	Function	否	接口调用失败的回调函数
complete	Function	否	接口调用结束的回调函数（调用成功、失败都会执行）

2. wx.getBackgroundAudioPlayerState 音乐播放控制 API

wx.getBackgroundAudioPlayerState(OBJECT)是用来获取音乐播放状态的 API，其参数说明如表 4-2 所示。

表 4-2　wx.getBackgroundAudioPlayerState 参数列表

属性	类型	必填	说　明
success	Function	否	接口调用成功的回调函数
fail	Function	否	接口调用失败的回调函数
complete	Function	否	接口调用结束的回调函数（调用成功、失败都会执行）

其中，success 返回参数说明如表 4-3 所示。

表 4-3　success 返回参数

参数	说　明
duration	选定音频的长度（单位：秒），只有在当前有音乐播放时返回
currentPosition	选定音频的播放位置（单位：秒），只有在当前有音乐播放时返回
status	播放状态（2：没有音乐在播放，1：播放中，0：暂停中）
downloadPercent	音频的下载进度（整数，80 代表 80%），只有在当前有音乐播放时返回
dataUrl	歌曲数据链接，只有在当前有音乐播放时返回

3. wx.playBackgroundAudio 音乐播放控制 API

wx.playBackgroundAudio(OBJECT) 是使用后台音乐播放器播放音乐的 API，对于微信客户端来说，只能同时有一个后台音乐在播放。当用户离开小程序后，音乐将暂停播放；当用户单击“显示在聊天顶部”时，音乐不会暂停播放；当用户在其他小程序占用了音乐播放器，原有小程序内的音乐将停止播放，其参数说明如表 4-4 所示。

表 4-4　wx.playBackgroundAudio 参数列表

属性	类型	必填	说　明
dataUrl	String	是	音乐链接
title	String	否	音乐标题
coverImgUrl	String	否	封面 URL
success	Function	否	接口调用成功的回调函数
fail	Function	否	接口调用失败的回调函数
complete	Function	否	接口调用结束的回调函数（调用成功、失败都会执行）

4.3 设计流程

4.3.1 播放器整体框架设计

播放器整体框架包含3个页签：推荐、排行榜、搜索。在这3个页签中分别进行相应的页面样式设计，并将“推荐”页面作为默认主页。另外，音乐播放控制单独作为一个页面，在推荐、排行榜和搜索这3个页面中单击音乐进行播放都将跳转到音乐播放控制页面来处理。

播放器整体框架如图4-2所示。

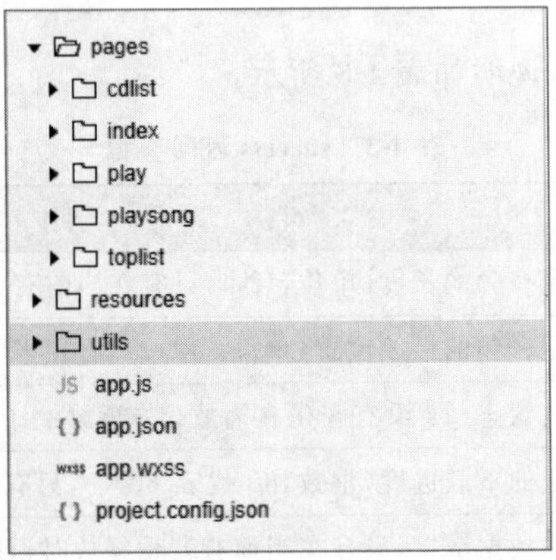

图4-2 文件架构

在app.json添加如下代码，完成播放器小程序的整体框架布局。

```
{
  "pages": [
    "pages/index/index",
    "pages/toplist/toplist",
    "pages/playsong/playsong",
    "pages/play/play",
    "pages/cdlist/cdlist"
  ],
  "window": {
    "backgroundTextStyle": "light",
    "navigationBarBackgroundColor": "#31c27c",
    "navigationBarTitleText": "网络音乐播放器",
    "navigationBarTextStyle": "#fff",
    "enablePullDownRefresh": false
  }
}
```

4.3.2　推荐页面设计

在推荐页面中，主要包括 3 个部分，上方为海报轮播图，中间为音乐电台，下方为热门歌单。需要用到微信小程序的 view 组件、button 组件、image 组件等。在 index. wxml 文件中进行页面布局，在 index. js 文件中进行页面逻辑功能的实现。具体代码如下。

1. 在 index. wxml 文件中添加代码

代码如下：

```
<!--index.wxml-->
<!--首页 推荐 -->
<view class="recommend" hidden="{{currentTab!==0}}">
  <!--轮播图 -->
  <swiper class="swiper" circular="true" indicator-dots="true" autoplay=
"true" interval="3000" duration="500" indicator-color="rgba(255,255,255,.8)"
    indicator-active-color="#31c27c">
    <block wx:for="{{slider}}" wx:key="{{index}}">
      <swiper-item data-id="{{item.id}}" data-url="{{item.linkUrl}}">
        <image src="{{item.picUrl}}" class="img" />
      </swiper-item>
    </block>
  </swiper>
<!--电台-->
   <view class="channel">
    <text class="title">电台</text>
    <view class="list">
      <view class="item" wx:for="{{radioList}}" wx:key="{{index}}" data-id=
"{{item.radioid}}" bindtap="radioTap">
        <view class="list-media">
          <image class="img" src="{{item.picUrl}}"></image>
        </view>
        <text class="text">{{item.Ftitle}}</text>
      </view>
    </view>
  </view>
<!--热门歌单 -->
  <view class="channel">
    <text class="title">热门歌单</text>
    <view class="list">
      <view class="item songitem" wx:for="{{songList}}" wx:key="{{item.id}}"
data-id="{{item.id}}" bindtap="radioTap">
        <view class="list-media">
          <image class="img" src="{{item.picUrl}}"></image>
```

```
                <text class="list-count">{{item.accessnum}}</text>
            </view>
            <text class="text">{{item.songListDesc}}</text>
            <text class="author">{{item.songListAuthor}}</text>
          </view>
        </view>
      </view>
    </view>
```

这样就可以完成推荐页面的布局及显示。需要说明的是,这仅仅实现了各个图标在推荐页面的摆放布局,其具体功能的实现要在index.js文件中完成。布局效果如图4-3所示。

图4-3 图标布局

2. 在index.js文件中添加代码

在推荐页面的功能实现中需要获取QQ音乐平台发布的热门歌单数据,需要在index.js文件中添加相应的API函数访问QQ音乐服务器,获取热门歌单数据。代码如下:

```
radioTap: function (e) {
    var dataSet =e.currentTarget.dataset;
    MusicService.getRadioMusicList(dataSet.id, function (data) {
        if (data.code ==0) {
            var list =[];
            var dataList =data.data;
            for (var i =0; i <dataList.length; i++) {
                var song ={};
```

```
                var item =dataList[i];
                song.id =item.id;
                song.mid =item.mid;
                song.name =item.name;
                song.title =item.title;
                song.subTitle =item.subtitle;
                song.singer =item.singer;
                song.album =item.album
                song.url ='http://ws.stream.qqmusic.qq.com/C100' +item.mid +
'.m4a? fromtag=38';
                song.img ='http://y.gtimg.cn/music/photo_new/T002R150x150M000
' +item.album.mid +'.jpg? max_age=2592000'
                list.push(song);
            }
            app.setGlobalData({
                playList: list,
                playIndex: 0
            });
        }
        wx.navigateTo({
        url: '../play/play'
        });
    });
},
```

4.3.3 排行榜页面设计

排行榜页面中显示的是QQ音乐平台发布的不同地区、不同类别的实时音乐排行榜，其页面布局设计代码如下：

```
<!--排行榜 -->
<view class="topList" hidden="{{currentTab!==1}}">
  <view class="item" wx:for="{{topList}}" wx:key="{{item.id}}" data-id=
"{{item.id}}" bindtap="onToplistTap">
    <view class="media">
      <image class="img" src="{{item.picUrl}}"></image>
      <text class="count">{{item.listenCount}}</text>
    </view>
    <view class="info">
      <text class="title">{{item.topTitle}}</text>
      <view class="text" wx:for="{{item.songList}}" wx:key="unique">{{index+1}}
        <text>{{item.songname}}</text>-{{item.singername}}
      </view>
    </view>
```

```
      <view class="arrow"></view>
    </view>
  </view>
```

设计效果如图 4-4 所示。

图 4-4　音乐排行榜

4.3.4　搜索页面设计

搜索页面包含两部分内容，分别为搜索输入框和热门搜索列表。搜索框需要用到 input 控件，热门搜索列表需要用到 text 控件。搜索结果显示需要访问 QQ 音乐服务器。代码如下：

```
<!--搜索 -->
<view class="search" hidden="{{currentTab!==2}}">
  <!--搜索框-->
  <view class="search-bar">
    <view class="search-wrap">
      <view class="search-box">
        <icon class="icon-search" type="search" size="14"></icon>
        <input type="text" class="search-input" placeholder="搜索歌曲、歌单、专
        辑" focus="{{inputFocus}}" value="{{searchKeyword}}" bindinput=
        "onSearchInput"
          bindfocus="onSearchFocus" bindconfirm="onSearchConfirm" />
        <view class="icon-clear" hidden="{{searchKeyword.length<1}}">
          <icon type="clear" size="20" catchtap="onClearInput"></icon>
        </view>
      </view>
```

```
  </view>
   <view class="cancel-btn" bindtap="onSearchCancel" hidden="{{!
   searchCancelShow}}">取消</view>
</view>

<!--热门搜索 -->
<view class="search-hot" wx:if="{{searchHotShow&&!searchHistoryShow&&!
searchResultShow}}">
  <text class="hot-title">热门搜索</text>
  <view class="hot-wrap">
    <text class="hot-item hot">{{special}}</text>
    <text class="hot-item" wx:for="{{hotkey}}" wx:key="{{item.k}}" data-
   text="{{item.k}}" bindtap="onHotkeyTap">{{item.k}}</text>
  </view>
</view>

<!--搜索历史 -->
<view class="search-history" wx:if="{{searchHistoryShow&&!searchHotShow&&!
searchResultShow}}">
  <view class="search-record" wx:if="{{searchHistorys.length>0}}">
    <block wx:for="{{searchHistorys}}" wx:key="{{index}}">
      <view class="record-item">
        <icon class="icon-time" color="#D7D7D7" type="waiting_circle" size
        ="20"></icon>
        <view class="record_con">{{item}}</view>
        <icon class="icon-close" color="#D7D7D7" type="clear" size="15"
        data-item="{{item}}" catchtap="onSearchHistoryDelete"></icon>
      </view>
    </block>
    <view class="record_handle" >
      <text catchtap="onSearchHistoryDeleteAll">清除搜索记录</text>
    </view>
  </view>
</view>

<!--搜索结果 -->
<view class="search-result" wx:if="{{searchResultShow&&!searchHotShow&&!
searchHistoryShow}}" >
   <scroll-view style="height: {{scrollviewH}}px;" scroll-y="true"
   bindscrolltolower="searchScrollLower" lower-threshold="50" scroll-into
   -view="{{scrollToView}}" scroll-with-animation="true" enable-back-to-
  top="true" bindscroll="onScroll" bindscrolltolower="onScrollLower">
   <view class="result-item" wx:if="{{zhida.type ==2}}">
       <image class="media" src="https://y.gtimg.cn/music/photo_new/
```

```
    T001R68x68M000{{zhida.singermid}}.jpg"></image>
  <text class="title">{{zhida.singername}}</text>
  <view class="subtitle">
    <text>单曲:{{zhida.songnum}}</text>
    <text>专辑:{{zhida.albumnum}}</text>
  </view>
</view>
<view id="scrollTop" class="result-item" wx:for="{{searchSongList}}"
wx:key="{{item.songid}}" data-data="{{item}}"
  data-id="{{item.songid}}" data-mid="{{item.songmid}}" data-albummid=
 "{{item.albummid}}" data-from="searchlist"  bindtap="onPlaysongTap">
   <view class="icon {{item.isonly=='0' ? 'nocopyright' : ''}}"></view>
   <text class="title">{{item.songname}}</text>
   <view class="subtitle">
     <text wx:for="{{item.singer}}" wx:key="unique">{{item.name}}</text>
   </view>
 </view>
 <view class="loading" hidden="{{!searchLoading}}">正在载入更多...</view>
 <view class="loading complete" wx:if="{{searchLoadingComplete}}">已加载
 全部</view>
 <view class="backToTop " hidden="{{!backToTop }}" catchtap="onBackToTop ">
 </view>
   </scroll-view>
  </view>
</view>
```

设计效果如图 4-5 所示。

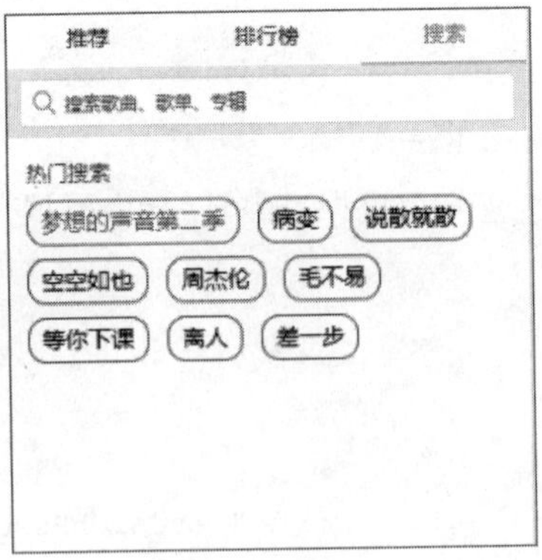

图 4-5 搜索

4.3.5 歌曲资源的获取

所有的音乐资源均是从 QQ 音乐官方平台获取，需要用到微信小程序 wx. request 请求服务器数据 API 来访问 QQ 音乐服务器，从 QQ 音乐服务器上获得相应的音乐列表，再进行在线播放。具体设计代码如下。

1. 获取推荐频道数据

代码如下：

```
function getRecommend(callback) {
  wx.request({
    url: 'https://c.y.qq.com/musichall/fcgi-bin/fcg_yqqhomepagerecommend.fcg',
    data: {
      g_tk: 5381,
      uin: 0,
      format: 'json',
      inCharset: 'utf-8',
      outCharset: 'utf-8',
      notice: 0,
      platform: 'h5',
      needNewCode: 1,
      _: Date.now()
    },
    method: 'GET',
    header: { 'content-Type': 'application/json' },
    success: function (res) {
      if (res.statusCode ==200) {
        var data =res.data;
        var songlist =data.data.songList;
        for (var i =0; i <songlist.length; i++) {
          songlist[i].accessnum =formatWan(songlist[i].accessnum);
        }
        callback(data);
      }
    }
  })
}
```

2. 获取热门搜索

代码如下：

```
function getHotSearch(callback) {
  wx.request({
    url: 'https://c.y.qq.com/splcloud/fcgi-bin/gethotkey.fcg',
    data: {
      g_tk: 5381,
      uin: 0,
```

```
      format: 'jsonp',
      inCharset: 'utf-8',
      outCharset: 'utf-8',
      notice: 0,
      platform: 'h5',
      needNewCode: 1,
      _: Date.now()
    },
    method: 'GET',
    header: { 'content-Type': 'application/json' },
    success: function (res) {
      if (res.statusCode ==200) {
        var data =res.data;
        data.data.hotkey =data.data.hotkey.slice(0, 8)
        callback(data);
      }
    }
  })
}
```

3. 获取搜索结果

代码如下：

```
function getSearchMusic(keyword, page, callback) {
  wx.request({
    url: 'https://c.y.qq.com/soso/fcgi-bin/search_for_qq_cp',
    data: {
      g_tk: 5381,
      uin: 0,
      format: 'json',
      inCharset: 'utf-8',
      outCharset: 'utf-8',
      notice: 0,
      platform: 'h5',
      needNewCode: 1,
      w: keyword,
      zhidaqu: 1,
      catZhida: 1,
      t: 0,
      flag: 1,
      ie: 'utf-8',
      sem: 1,
      aggr: 0,
      perpage: 20,
```

```
      n: 20,
      p: page,
      remoteplace: 'txt.mqq.all',
      _: Date.now()
    },
    method: 'GET',
    header: { 'content-Type': 'application/json' },
    success: function (res) {
      if (res.statusCode ==200) {
        callback(res.data);
      }
    }
  })
}
```

4. 获取排行榜频道数据

代码如下：

```
function getToplist(callback) {
  wx.request({
    url: 'https://c.y.qq.com/v8/fcg-bin/fcg_myqq_toplist.fcg',
    data: {
      format: 'json',
      g_tk: 5381,
      uin: 0,
      inCharset: 'utf-8',
      outCharset: 'utf-8',
      notice: 0,
      platform: 'h5',
      needNewCode: 1,
      _: Date.now()
    },
    method: 'GET',
    header: { 'content-type': 'application/json' },
    success: function (res) {
      if (res.statusCode ==200) {
        var data =res.data;
        var toplist =data.data.topList;
        for (var i =0; i <toplist.length; i++) {
          toplist[i].listenCount =formatWan(toplist[i].listenCount);
        }
        callback(toplist);
      }
    }
```

```
  })
}
```

5. 获取排行榜详细信息

代码如下：

```
function getToplistInfo(id, callback) {
  wx.request({
    url: 'https://c.y.qq.com/v8/fcg-bin/fcg_v8_toplist_cp.fcg',
    data: {
      g_tk: 5381,
      uin: 0,
      format: 'json',
      inCharset: 'utf-8',
      outCharset: 'utf-8',
      notice: 0,
      platform: 'h5',
      needNewCode: 1,
      tpl: 3,
      page: 'detail',
      type: 'top',
      topid: id,
      _: Date.now()
    },
    method: 'GET',
    header: { 'content-type': 'application/json' },
    success: function (res) {
      if (res.statusCode ==200) {
        callback(res.data);
      }
    }
  })
}
```

6. 获取热门歌单数据

代码如下：

```
function getCdlistInfo(id, callback) {
  wx.request({
    url: 'https://c.y.qq.com/qzone/fcg-bin/fcg_ucc_getcdinfo_byids_cp.fcg',
    data: {
      g_tk: 5381,
      uin: 0,
```

```
        format: 'json',
        inCharset: 'utf-8',
        outCharset: 'utf-8',
        notice: 0,
        platform: 'h5',
        needNewCode: 1,
        new_format: 1,
        pic: 500,
        disstid: id,
        type: 1,
        json: 1,
        utf8: 1,
        onlysong: 0,
        nosign: 1,
        _: new Date().getTime()
      },
      method: 'GET',
      header: { 'content-type': 'application/json' },
      success: function (res) {
        if (res.statusCode ==200) {
          var data =res.data;
          var cdlist =data.cdlist;
          for (var i =0; i <cdlist.length; i++) {
            cdlist[i].visitnum =formatWan(cdlist[i].visitnum);
          }
          callback(cdlist[0]);
        }
      }
    });
  }
```

4.3.6 歌曲的播放

从 QQ 音乐服务器获取到音乐资源后，就可以进行歌曲的播放。播放功能的实现需要用到 wx. getBackgroundAudioPlayerState 和 wx. playBackgroundAudio 音乐播放控制 API，具体设计代码如下。

1. 获取音乐播放状态

代码如下：

```
getMusicInfo: function () {
  var self =this;
  var inv =setInterval(function () {
    wx.getBackgroundAudioPlayerState({
```

```
        success: function (res) {
          var status = res.status;
          if (status == 1) {
            clearInterval(inv);
            var musicTime = res.duration, currTime = res.currentPosition;
            var musicTimeStr = self.timeToString(musicTime);
            var currTimeStr = self.timeToString(currTime);
            var pro = (currTime / musicTime).toFixed(1) + '%';

            self.setData({
              currTime: currTime,
              musicTime: musicTime,
              musicTimeStr: musicTimeStr,
              currTimeStr: currTimeStr,
              playPro: pro,
              isPlay: true
            });
            self.setPlayProcess();
          } else {

          }
        },
        fail: function () {
          console.log('获取音乐信息失败！');
        }
      })
    }, 1000)
  }
```

2. 播放音乐

代码如下：

```
playMusic: function (music) {
    var self = this;
    wx.playBackgroundAudio({
      dataUrl: music.url,
      title: music.title,
      coverImgUrl: music.img,
      success: function () {
        console.log('音乐播放成功！');
        var pro = '0%', currTime = 0, currTimeStr = '0', musicTime = 0, musicTimeStr = '0';
        self.setData({
          currTime: currTime,
          musicTime: musicTime,
```

```
          musicTimeStr: musicTimeStr,
          currTimeStr: currTimeStr,
          playingMusic: music,
          playPro: pro,
          isPlay: true
        });
      },
      fail: function () {
        console.log('播放失败!');
      }
    })
```

歌曲播放效果如图 4-6 所示。

图 4-6　歌曲播放

这样整个网络音乐播放器微信小程序就设计完成了。该小程序使用小程序控件进行页面布局,使用小程序 API 访问网络服务器,可完整获取 QQ 音乐平台的音乐资源,轻松实现音乐在线播放。

实验5 使用 Audition CS5.5 实现配乐朗诵制作

5.1 实验目的与要求

在 Adobe CS3 系列中，Soundbooth 取代了 Audition，专门为没有专业音频编辑背景且又是 Premiere Pro、After Effects 和 Encore DVD 的用户而准备的。Audition 偏重于对音频更为专业化的处理；Soundbooth 则偏重于和视频的结合。

但在 Adobe CS5 中，Audition CS5.5 取代了 Soundbooth，Adobe CS6 中 Soundbooth 也是这样。

本实验使用 Audition CS5.5 实现配乐朗诵音频文件的制作。

首先对歌曲进行处理，消除原唱的人声，制作伴奏文件；其次录制一段朗诵文件，进行降噪等后期处理；最后对多个音轨中的文件进行处理，实现配乐朗诵文件的合成。

5.2 制作配乐朗诵音频文件

5.2.1 伴奏音乐制作

Audition 的消音原理是把文件中的中频部分消除，因为人声的大部分频率集中在这个频段。该方法不同于早期的 Audition 版本，也不同于 Cool Edit。后两者都是通过声道重新缩混的办法达到消除中频的目的，但是同时也失去了立体声效果。下面使用的方法是通过提取中频，然后反相与原声叠加，达到消除中频、保留高频和低频的立体声效果。具体步骤如下。

(1) 运行 Audition CS5.5，选中“文件”|“打开”菜单选项，在“打开文件”对话框中选择“曲目 1.mp3”文件。

（2）选中“效果”|“立体声声道”|“中置声道提取”菜单选项，在出现的“效果-中置声道提取”对话框的“预设”下拉列表框选择“人声移除”，如图 5-1 所示。

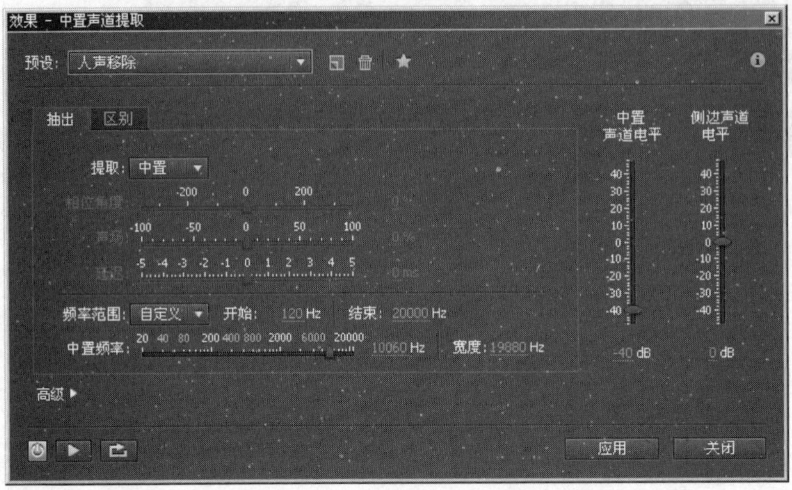

图 5-1　人声移除

（3）单击“应用”按钮，进行中置声道提取处理，如图 5-2 所示。

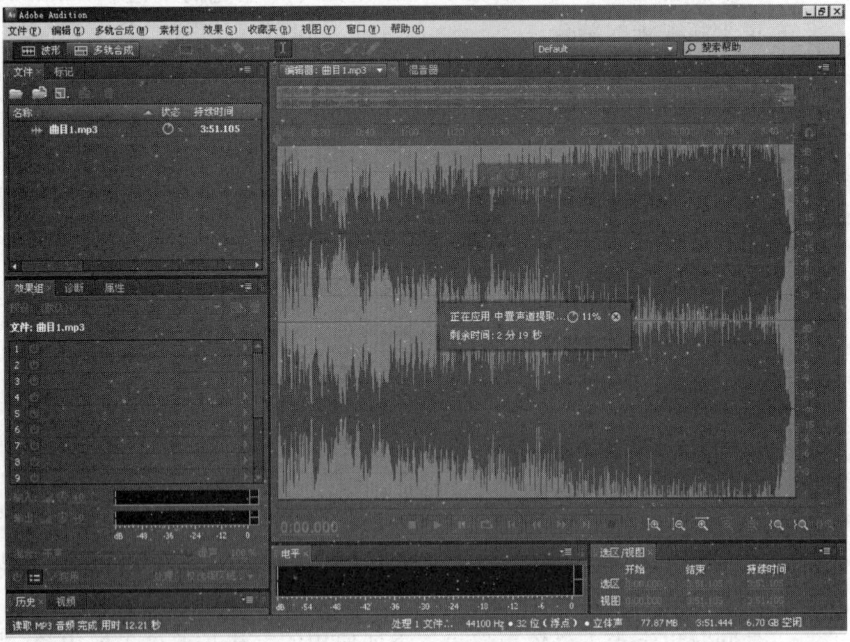

图 5-2　中置声道提取

（4）右击“曲目 1.mp3”，在弹出的快捷菜单中选中“插入到多轨合成”|“新建多轨合成”选项。在出现的“新建多轨合成”对话框中输入项目名称及位置，如图 5-3 所示。

（5）单击“确定”按钮，界面如图 5-4 所示。

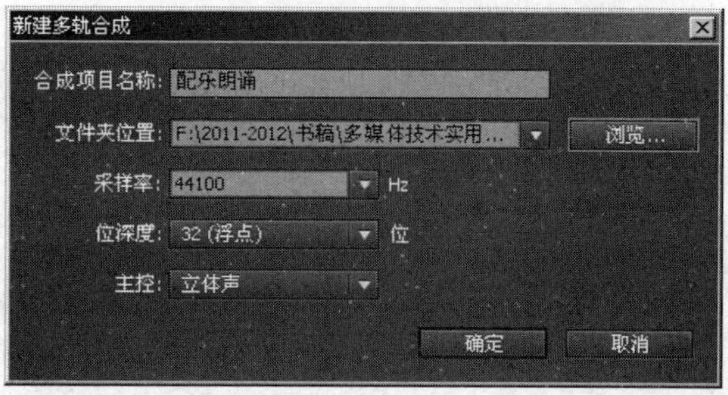

图 5-3　“新建多轨合成”对话框

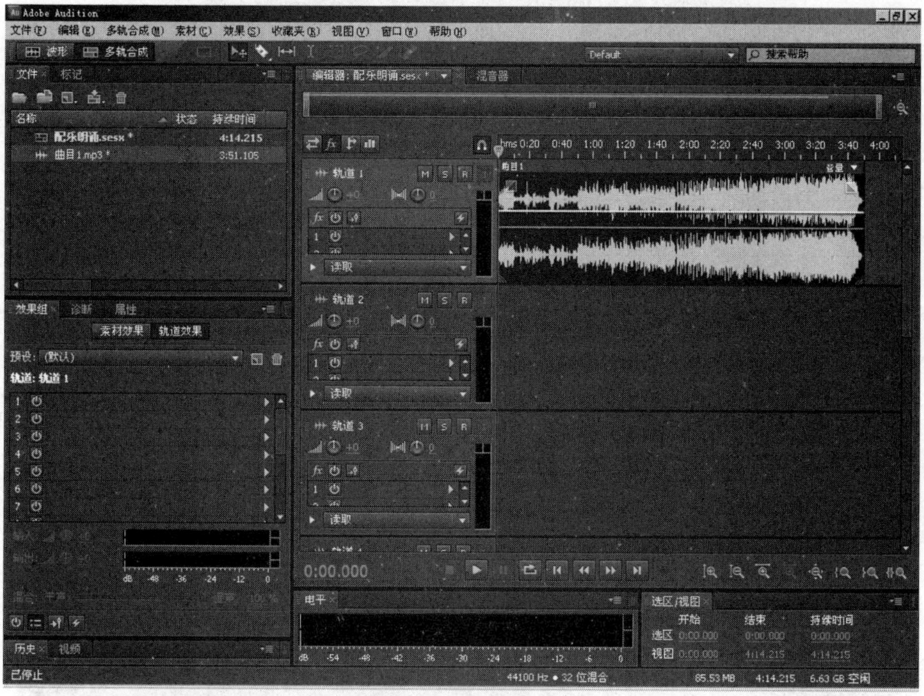

图 5-4　多轨合成

5.2.2　朗诵文件制作

（1）选择轨道 2 作为录音音轨，单击轨道 2 的“Arm 录制”按钮，使该轨道处于录音工作模式。

（2）单击操作区的“录制”按钮，开始录音。录制结束后再次单击“录音”按钮，退出录制状态。

（3）双击音轨 2 进入录音波形界面，选中“文件”|“另存为”菜单选项，将录制的原声存储为 wav 格式，文件名为“录音. wav”。

（4）播放“录音. wav”，发现有明显的噪声存在，下面进行降噪处理。

（5）在“录音. wav”波形界面，选中“效果”|“降噪/恢复”|“降噪(进程)”菜单选项，弹

出如图 5-5 所示的“效果-降噪”对话框。

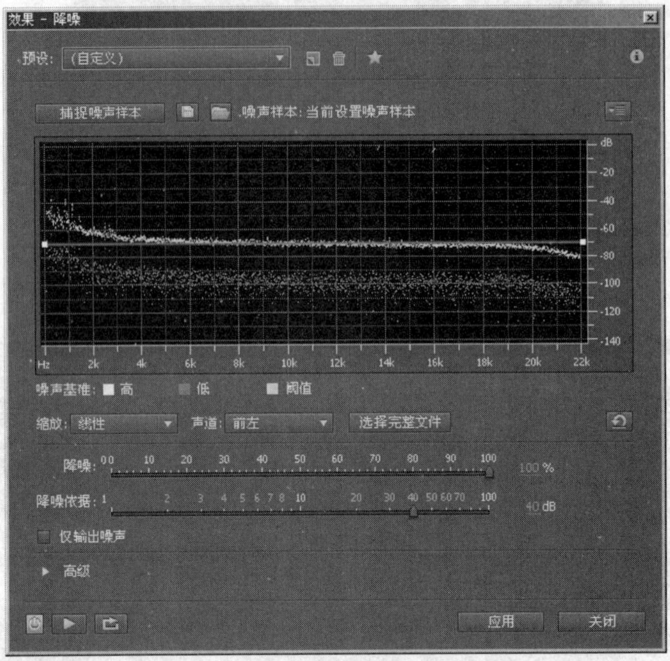

图 5-5 “效果-降噪”对话框

(6) 单击“选择完整文件”按钮，单击“引用”按钮，软件进行降噪处理，如图 5-6 所示。

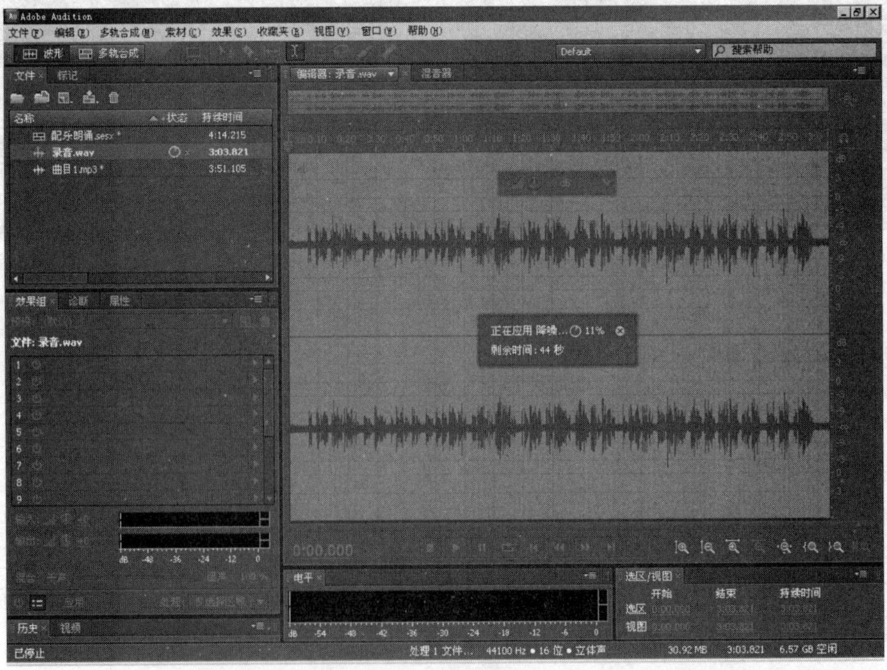

图 5-6 降噪处理

5.2.3　配乐朗诵文件制作

双击“配乐朗诵.sesx”，播放文件，如图 5-7 所示。发现存在一些问题，如伴奏与朗诵长度不一、音量不协调等问题。

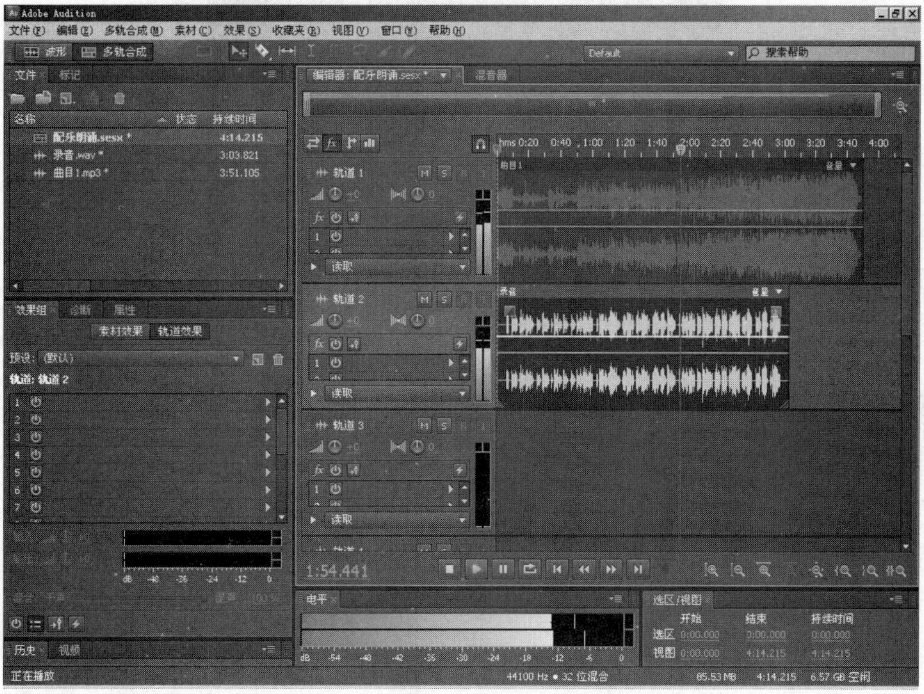

图 5-7　播放音频

(1) 在轨道 1 中拖动波形右边界，使其与轨道 2 的波形右边界相同。

(2) 降低轨道 1 的音量，提升轨道 2 的音量。

(3) 拖动轨道 1 的“淡入”“淡出”按钮，如图 5-8 所示。

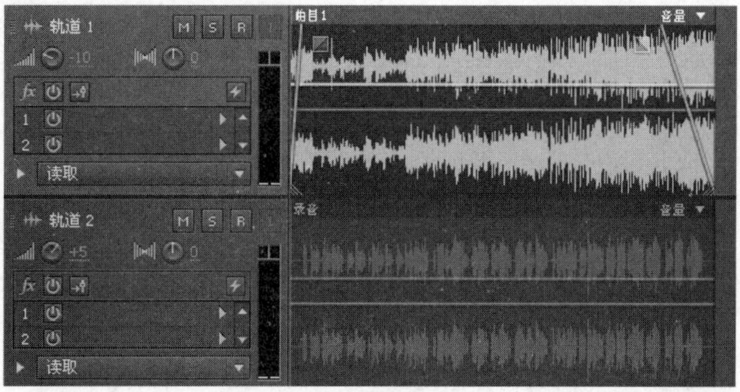

图 5-8　设置淡入淡出效果

(4) 选中“文件”|“导出”|“多轨缩混”|“完整合成”菜单选项，在“导出多轨缩混”对话

框中选择保存类型为mp3，将编辑好的文件保存为"配乐朗诵.mp3"，如图5-9所示。

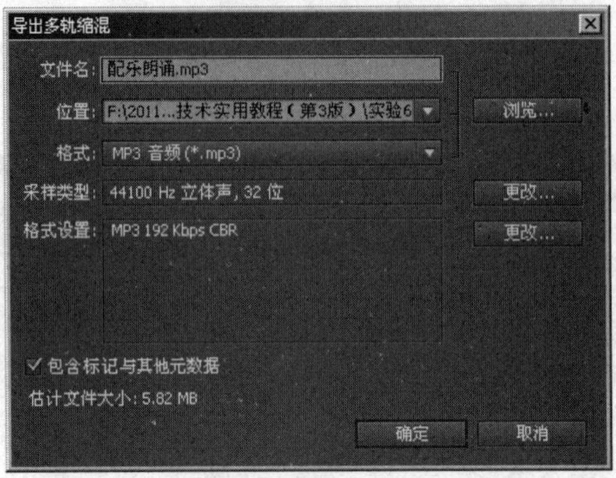

图5-9 导出配乐朗诵文件

实验6 使用 Photoshop CC 2017 制作电影角色

6.1 实验目的与要求

本实验使用 Photoshop CC 2017 实现电影《阿凡达》中的角色的效果。

通过该实例的制作，总结和提高图层、通道、滤镜的使用等所学的知识，实现如图 6-1 所示的图像处理。

(a) 处理前

(b) 处理后

图 6-1 图像处理

6.2 图像处理

6.2.1 眼睛特效

(1) 打开 Base. psd 文件。

(2) 单击 Background 图层，选中"图层"|"新建"|"通过拷贝的图层"菜单选项，双击"Background 拷贝"层的文字，改名为 liquify eyes，如图 6-2 所示。

(3) 选中"滤镜"|"液化"菜单选项，出现"液化"对话框，如图 6-3 所示。

(4) 选择左侧工具栏中的"向前变形工具"。将右侧"画笔工具选项"框中的"画笔大小"修改为 400(可以按"["键缩小画笔大小，按"]"键放大画笔大小)。移动眼睛、鼻子位置，如图 6-4 所示。

图 6-2　复制图层并改名

图 6-3　液化滤镜对话框

(a) 处理眼睛　　(b) 处理鼻子

图 6-4　向前变形工具的使用

(5) 单击工具栏中的“膨胀工具”，改变眼睛大小，如图 6-5 所示。经过多次调整，效果如图 6-6 所示。

(6) 为更好地完成后续操作，可以单击“载入网格”按钮，在“打开”对话框中选择制作好的完成上述处理的 Avatar girl eyes. msh 文件，代替自己对眼睛、鼻子的处理效果。

(7) 单击“确定”按钮，返回编辑窗口。通过单击 liquify eyes 层左侧的“图层可见性”按钮比较特效前后的效果，如图 6-7 所示。

图 6-5　改变眼睛大小

图 6-6　最终效果

(a) 处理前　　(b) 处理后

图 6-7　眼睛特效

(8) 保存文件为 Liquification. psd。

6.2.2　改变肤色

(1) 打开文件 Liquification. psd。

(2) 使 Background 层为当前层，按 Ctrl＋Alt＋J 组合键创建当前图层的副本。在如图 6-8 所示的“新建图层”对话框中修改图层名称为 brow & nose，单击“确定”按钮。

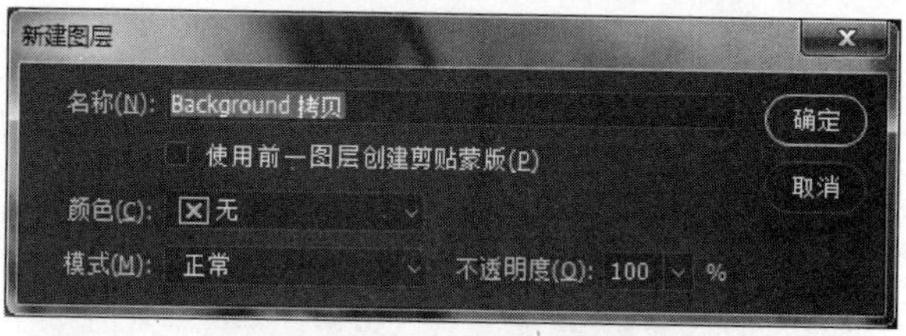

图 6-8　“新建图层”对话框

(3) 在“图层”面板中将 brow & nose 图层拖到 liquify eyes 图层的上方。选中“滤镜”|“液化”菜单选项，出现“液化”对话框。单击“载入网格”按钮，在“打开”对话框中调入 Avatar girl nose. msh，单击“确定”按钮。

(4) 选中“选择”|“载入选区”菜单选项，出现“载入选区”对话框，如图 6-9 所示。

(5) 选择“通道”下拉列表框中的“brow & nose 透明”，单击“确定”按钮，场景如图 6-10 所示。

(6) 单击“图层”面板下方的“添加图层蒙版”按钮(可以按住 Shift 键的同时单击 brow & nose 图层中的“图层蒙版缩览图”，查看添加蒙版前后的效果)。

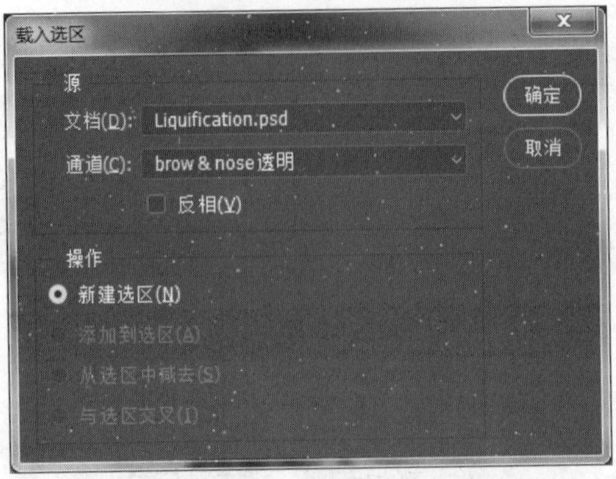

图 6-9 “载入选区”对话框

图 6-10 场景中显示鼻子

(7) 单击“图层”面板的 liquify eyes 图层，选中“选择”|“色彩范围”菜单选项，出现“色彩范围”对话框。单击“载入”按钮，选择 Face colors. axt 文件，修改参数，如图 6-11 所示。

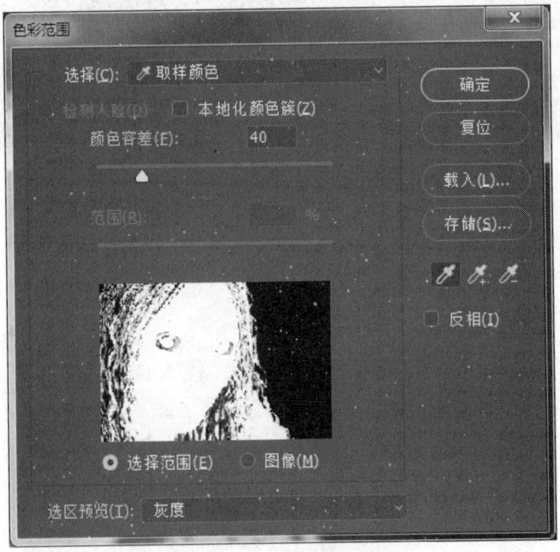

图 6-11 修改参数

(8) 单击“确定”按钮,场景效果如图 6-12 所示。

(9) 单击 brow & nose 图层,使其为当前层。选中“窗口”|“调整”菜单选项,出现“调整”面板,如图 6-13 所示。

图 6-12　场景效果

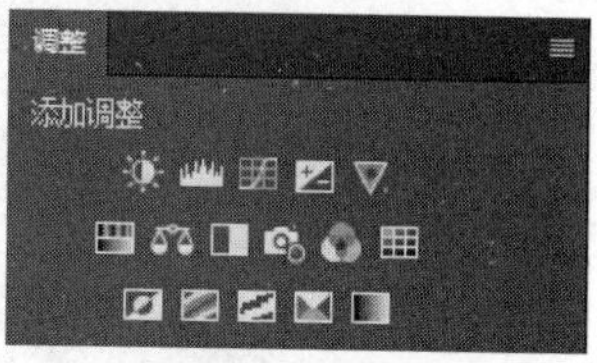

图 6-13　“调整”面板

(10) 单击“调整”面板第 2 行中的“色相/饱和度”按钮,可在“属性”面板中调整“色相”参数,如图 6-14 所示。

图 6-14　皮肤变色

(11) “图层”面板中新增了图层,如图 6-15 所示。

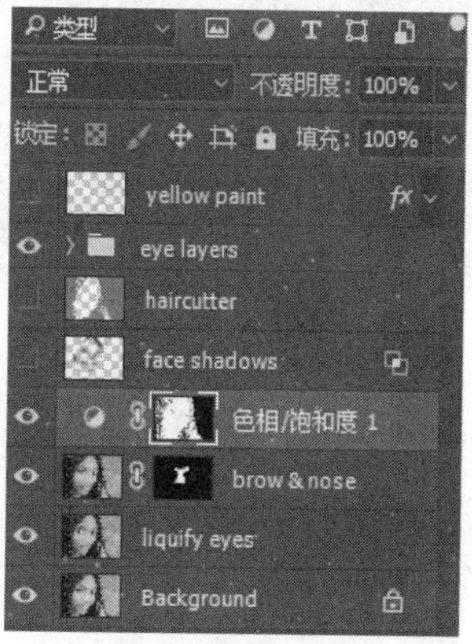

图 6-15　新增色相/饱和度图层

（12）将图层改名为 blueness。保存文件为 Violet. psd。

6.2.3 修改皮肤头发细节

（1）打开 Violet. psd。

（2）按住 Alt 的同时，单击“亮度/对比度”按钮，出现“新建图层”对话框。修改名称为 deepen，选择“使用前一图层创建剪贴蒙版”复选框，如图 6-16 所示，

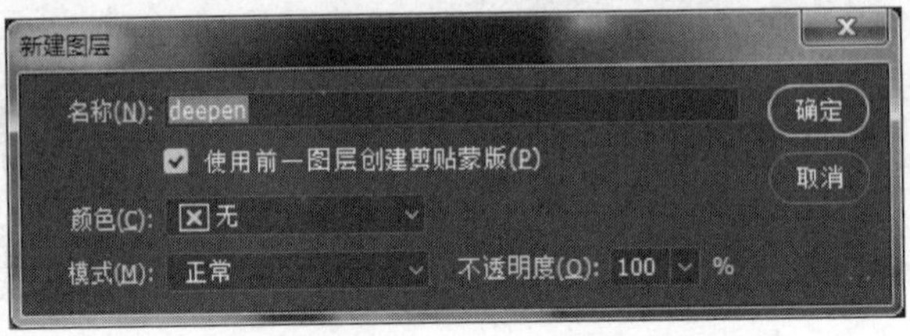

图 6-16 新建 deepen 图层

（3）单击“确定”按钮。在“属性”面板中，修改亮度为－70，对比度为 100，使皮肤变暗。

（4）选中“图层”|“图层样式”|“混合选项”菜单选项，出现“图层样式”对话框。拖动“混合颜色带”框架中“下一图层”右侧三角滑杆至 150，按住 Alt 键拖动该三角滑杆至最右方，如图 6-17 所示。

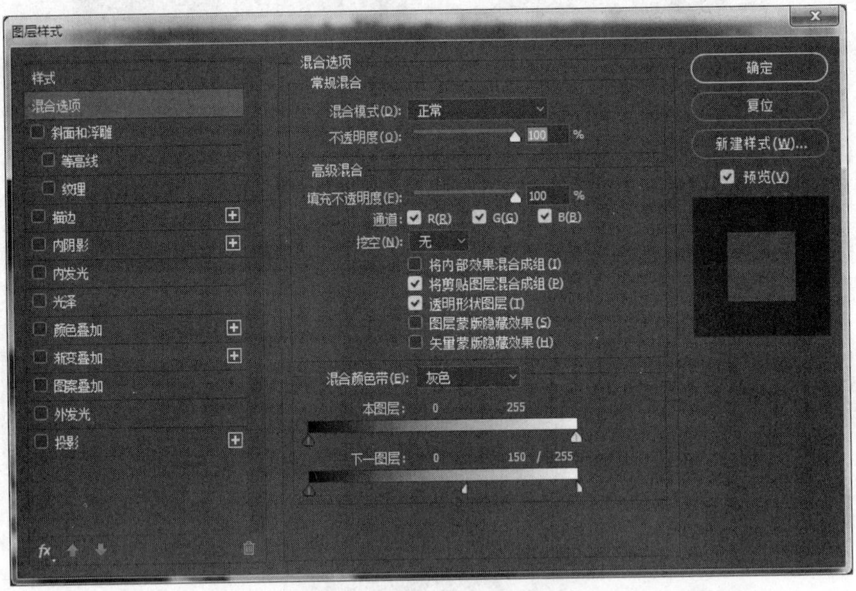

图 6-17 修改混合选项参数

（5）单击“确定”按钮。选中“选择”|“载入选区”菜单选项，在“载入选区”对话框中，选择 deep mask 通道，单击“确定”按钮。

（6）单击“图层”面板下方的“添加矢量蒙版”按钮。在“蒙版”面板中，调整“浓度”为 50％，使头发的颜色浓度发生变化。

(7) 使 face shadows 层可见并使其为当前层。在“正常”下拉列表框选择“正片叠底”“不透明度”设置为 70%，如图 6-18 所示。通过使 face shadows 层可见与否，对比阴影效果。

(8) 在“调整”面板中，按住 Alt 的同时单击“自然饱和度”按钮，出现“新建图层”对话框，将“名称”改为 vib down，单击“确定”按钮。在“调整”面板中修改“自然饱和度”及“饱和度”的值为－20。

(9) 使 haircutter 图层可见并为当前图层。按住 Shift 键的同时单击 blueness 图层，将 haircutter 到 blueness 的 5 个图层作为当前层。选中“图层”|“新建”|“从图层建立组”菜单选项，在出现的对话框中将“名称”改为 the blue，单击“确定”按钮，“图层”面板如图 6-19 所示。

图 6-18　修改 face shadows 层属性

图 6-19　图层组

(10) 展开 the blue 组，将 haircutter 作为当前层，选中“图层”|“图层样式”|“混合选项”菜单选项，出现“图层样式”对话框。在“高级混合”框架组中将“挖空”设置为“浅”“填充不透明度”设置为 0，效果如图 6-20 所示。

图 6-20　皮肤头发细节

(11) 单击“确定”按钮，保存文件为 Blue skin brown hair. psd。

6.2.4　修改眼睛细节

(1) 打开 Blue skin brown hair. psd 文件。使 the blue 组不可见，eye layers 组可见，

brow&nose 为当前层。选择“椭圆选框工具”，按住 Shift 键拖动鼠标，分别选择两个眼球，如图 6-21 所示。

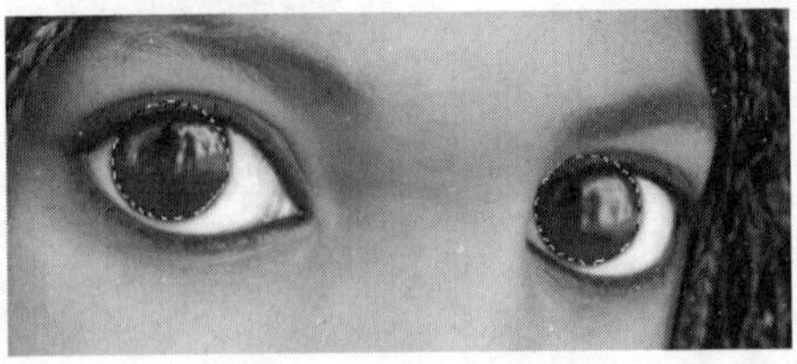

图 6-21 选择眼球

(2) 选中“编辑”|“选择性拷贝”|“合并拷贝”菜单选项。选中 eye layers 中的 irises 层为当前层，选中“编辑”|“选择性粘贴”|“原位粘贴”菜单选项。在 irises 层上增加新层，改名为 new irises。

(3) 使 irises 层为当前层并可见，在前景色为黑色、背景色为白色时，按 Ctrl+Shift+Backspace 组合键填充图层，场景如图 6-22 所示。

(4) 使 new irises 层为当前层。选择“矩形选框工具”，选中右眼。选中“编辑”|“自由变换”菜单选项，调整黑眼球的大小与位置，使之与白色部分重叠后按 Enter 键，如图 6-23 所示。然后对左眼做相同操作。

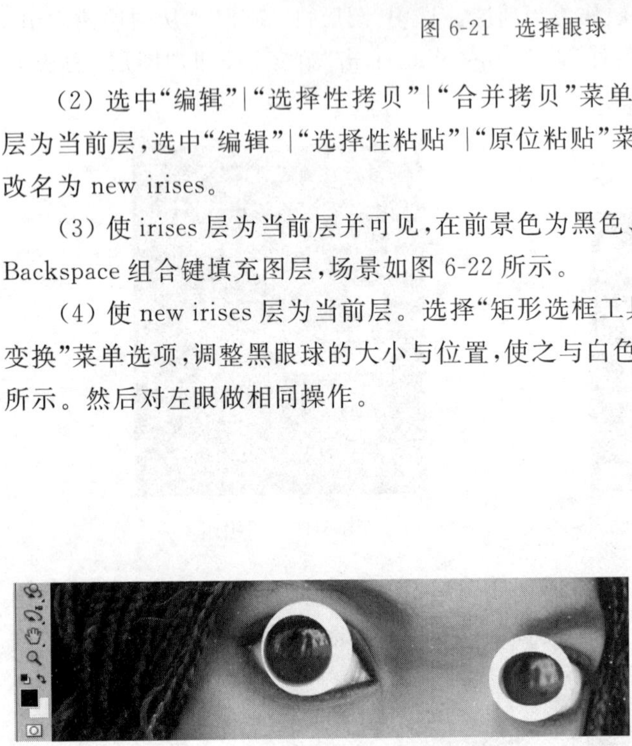

图 6-22 填充图层

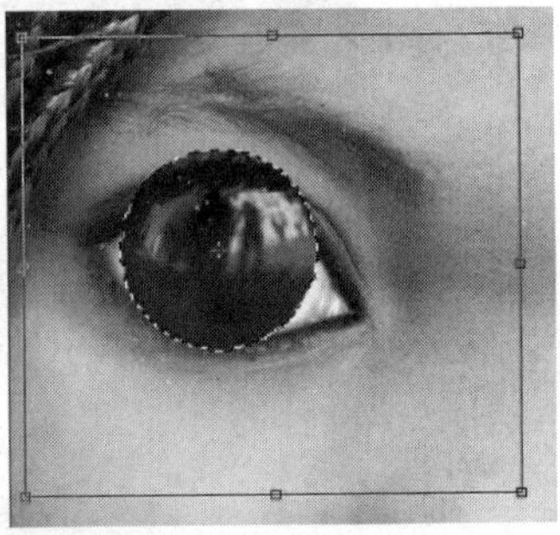

图 6-23 调整黑眼球大小和位置

(5) 选中“滤镜”|“锐化”|“智能锐化”菜单选项，在“智能锐化”对话框中设置参数，如图 6-24 所示。实现右眼锐化、左眼模糊效果。

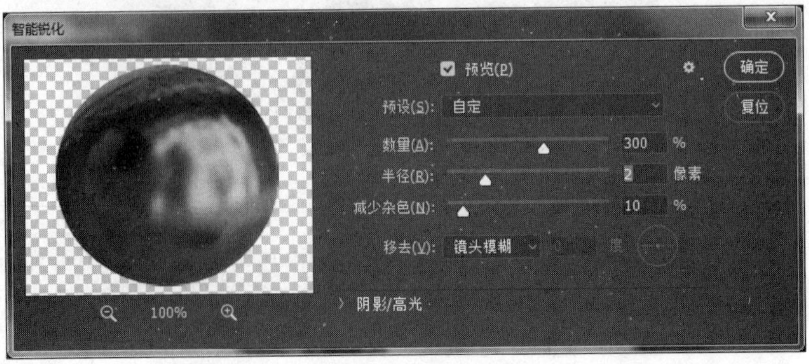

图 6-24 智能锐化

(6) 使 irises、news irises 图层不可见。选择"椭圆选框工具",选择右眼球上边缘,如图 6-25 所示。

(7) 单击工具选项栏中的"与选取交叉"按钮,选择整个右眼眼珠,如图 6-26 所示。

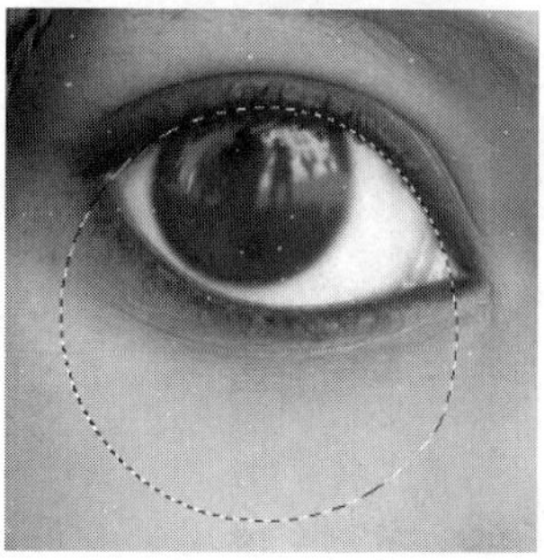

图 6-25 选择右眼球上边缘

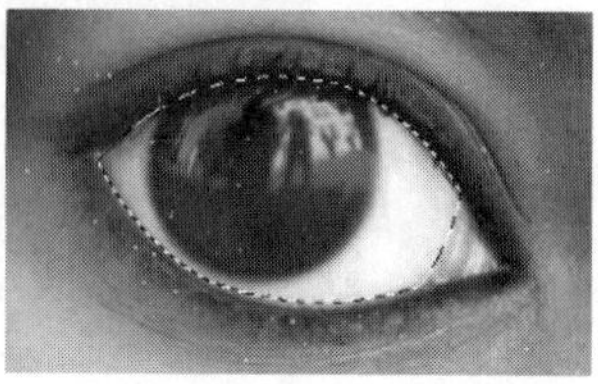

图 6-26 选择右眼眼珠

(8) 使 news irises 可见,单击"图层"面板下方的"添加图层蒙版"按钮。选择"椭圆选框工具",选择整个左眼眼珠。单击 news irises 的"图层蒙版缩览图",按 Backspace 键,双眼效果如图 6-27 所示。

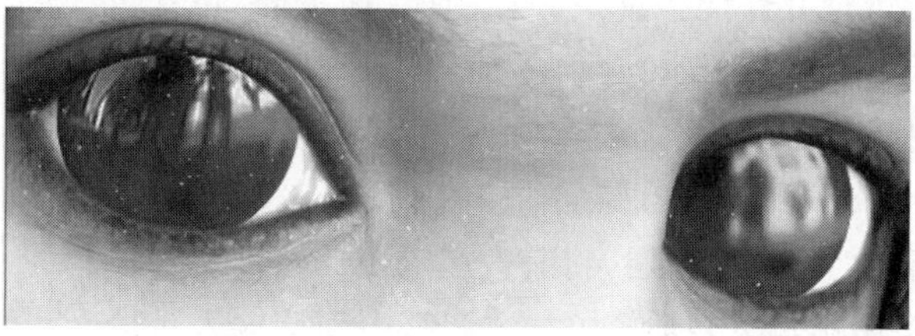

图 6-27 眼球效果

(9) 使 the blue 可见,使 eye layers 中的 overlays 层可见并作为当前层。使前景色为白色、背景色为黑色。选中画笔工具,在工具选项栏中设置"画笔大小"为 150px,"不透明度"为 50%,在鼻梁处涂抹白色。选中橡皮擦工具,在工具选项栏中设置"大小"为 50px,"硬度"为 0,在白色中进行涂抹,效果如图 6-28 所示。

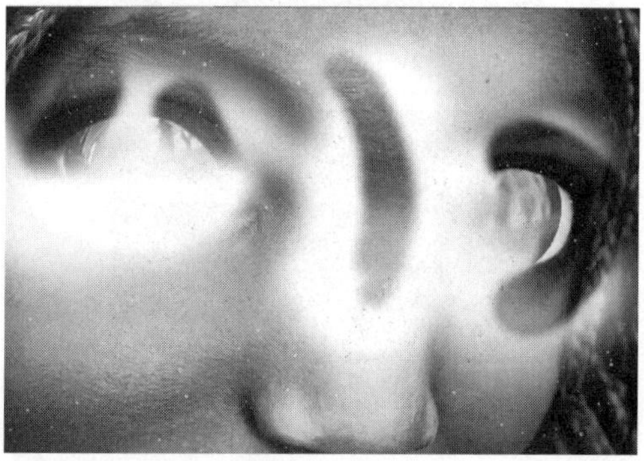

图 6-28 涂抹效果

（10）将“图层”面板的“设置图层的混合模式”下拉列表框由默认的“正常”更改为“叠加”，效果如图6-29所示。选中“图层”|“创建剪贴蒙版”菜单选项。

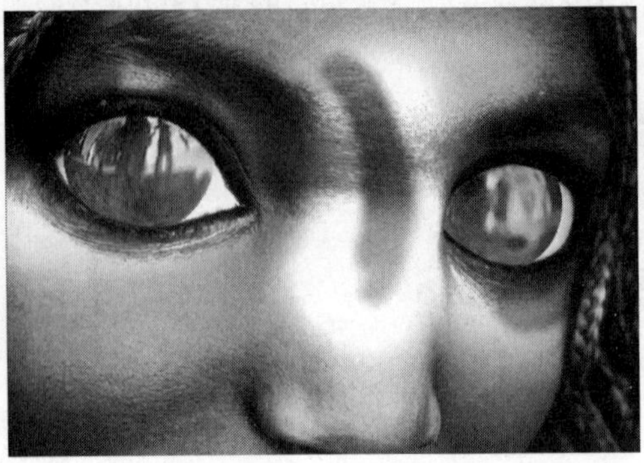

图 6-29 叠加效果

（11）使 pupil eliminator 层可见并作为当前层，选中“图层”|“创建剪贴蒙版”菜单选项。通过切换 pupil eliminator 层不可见与可见观察区别，下同。

（12）使 shadows 层可见并作为当前层，将“图层”面板的“正常”更改为“正片叠底”。使 more shadows 层可见并作为当前层，将“图层”面板的“正常”更改为“正片叠底”。

（13）按住 Shift 键，单击 shadows 层，使 shadows 层与 more shadows 层同时为当前层，选中“图层”|“创建剪贴蒙版”菜单选项。

（14）使 more shadows 层为当前层，选中“窗口”|“调整”菜单选项，打开“调整”面板。单击“色阶”按钮，新增“色阶 1”图层，将其改名为 lighten。

（15）设置“调整阴影输入色阶”为20，“调整中间调输入色阶”为1.3，“调整高光输入色阶”为225，如图6-30所示。

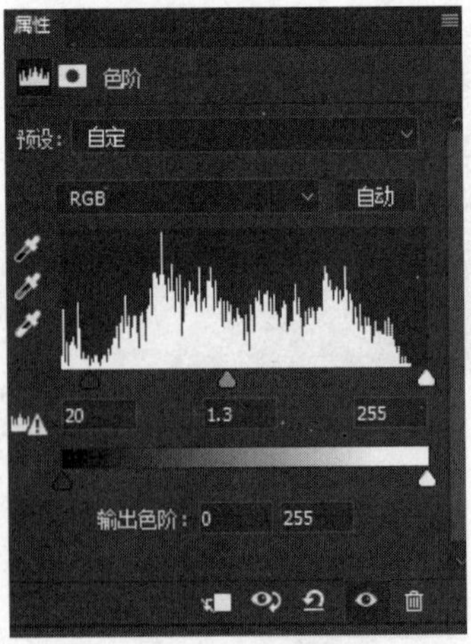

图 6-30 调整色阶

（16）删除 irises 层，使 darker whites 层可见，使 new irises 为当前层。单击“图层”面板左下方的“添加图层样式”按钮，选中“内发光”菜单选项，出现“图层样式”对话框，如

图 6-31 所示。

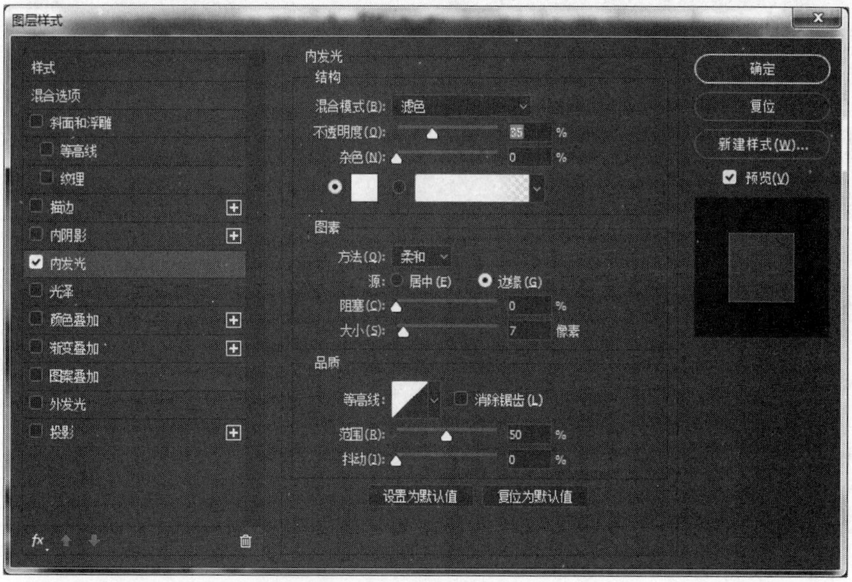

图 6-31　图层样式—内发光

（17）单击“结构”框架下方的“设置发光颜色”按钮，出现“拾色器”对话框，修改 H、S、B 参数，如图 6-32 所示。单击“确定”按钮。

图 6-32　“拾色器”对话框

（18）修改“结构”框架中的“混合模式”为“正片叠底”，“不透明度”为 35%；“图素”框架中的“大小”为 35px。

（19）选择“样式”框架中的“内阴影”。单击“结构”框架中“混合模式”右方的“设置阴影颜色”按钮，修改“拾色器”对话框中的 H、S、B 参数为 45、50、30，其他参数的修改如图 6-33 所示。

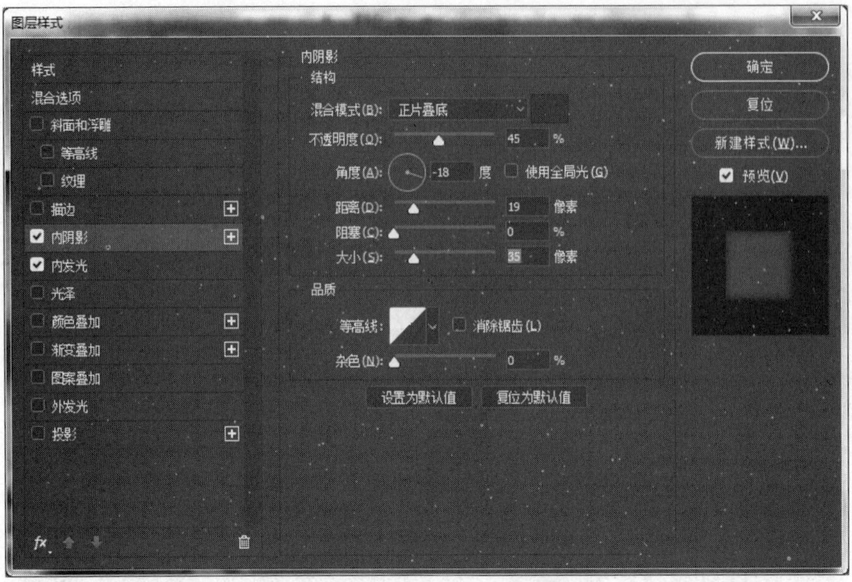

图 6-33 图层样式—内阴影

（20）选择“样式”框架中的“外发光”。单击“结构”框架下方的“设置发光颜色”按钮，修改“拾色器”对话框中的 H、S、B 参数为 190、20、40。其他参数的修改如图 6-34 所示。

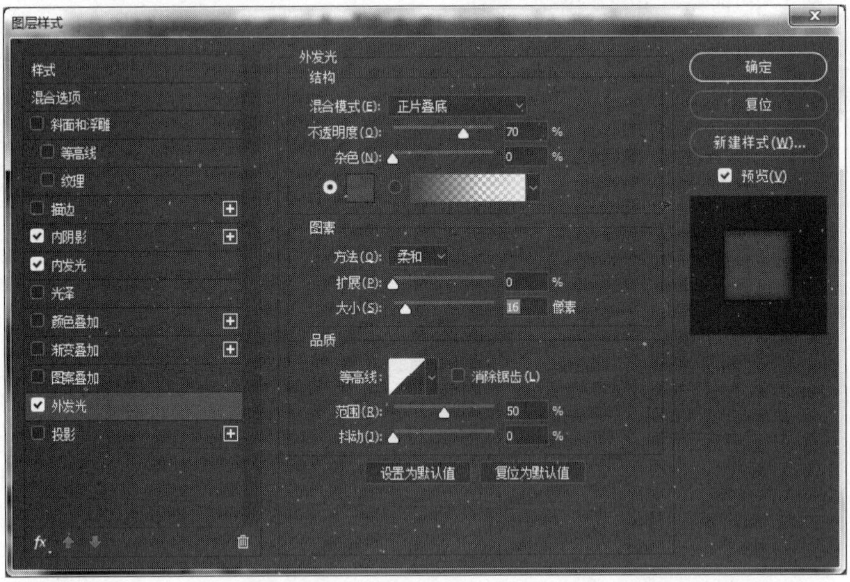

图 6-34 图层样式—外发光

（21）选择“样式”框架中的“颜色叠加”。单击“设置叠加颜色”按钮，修改“拾色器”对话框中的 H、S、B 参数为 75、30、100。设置“混合模式”为“颜色”，“不透明度”为 60%。

（22）选择“样式”框架中的“光泽”。单击“设置效果颜色”按钮，修改“拾色器”对话框中的 H、S、B 参数为 0、0、100。其他参数的修改如图 6-35 所示。

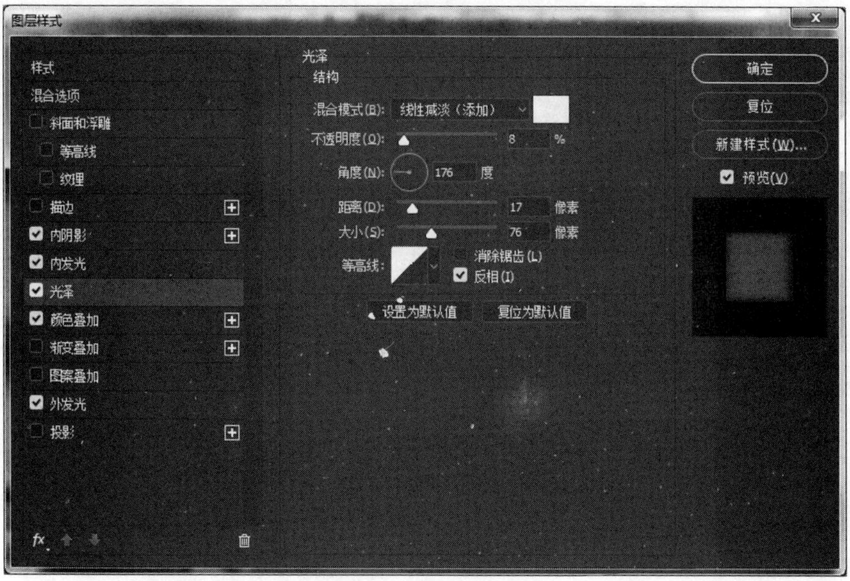

图 6-35　图层样式—光泽

（23）可以通过选择或取消每种效果前的复选按钮，在场景中查看相应效果。单击“确定”按钮。“图层”面板如图 6-36 所示，眼睛效果如图 6-37 所示。

图 6-36　效果图层

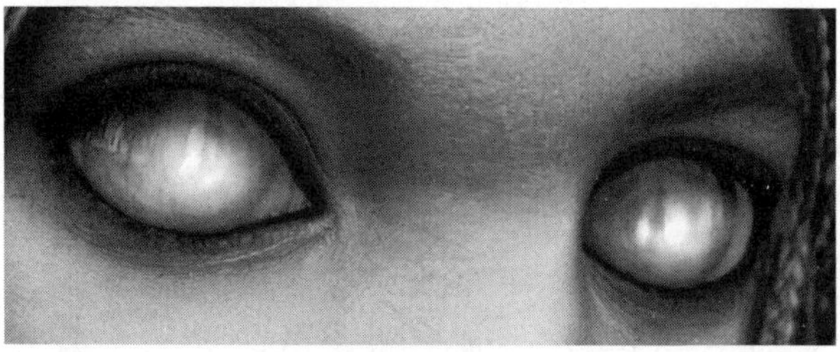

图 6-37　眼睛效果

（24）使 new pupils 层可见并作为当前层，选中“图层”|“图层样式”|“混合选项”菜单选项，出现“图层样式”对话框。拖动“下一图层”右侧的三角箭头，向左拖到数值为 185，按住 Alt 键向右拖到数值为 240。

（25）单击“外发光”。单击“结构”框架下方的“设置发光颜色”按钮，修改“拾色器”对话框中的 H、S、B 参数为 190、20、40，其他参数的修改如图 6-38 所示。单击“确定”按钮。

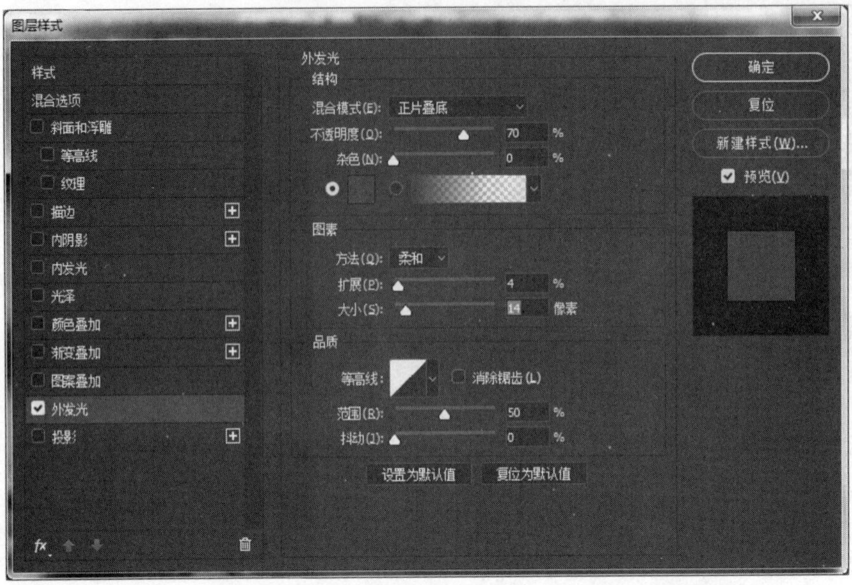

图 6-38　图层样式—外发光

(26) 选中矩形选框工具，选择两个眼睛。选中“选择”|“色彩范围”菜单选项，出现“色彩范围”对话框。“选取预览”下拉列表框中选择“无”，“选择”下列列表框中选择“取样颜色”，单击场景中瞳孔右下方的亮点处选取颜色，“颜色容差”取值 60。单击“确定”按钮。

(27) 选中“图层”|“新建图层”菜单选项，出现“新建图层”对话框，将图层改名为 highlights。设置前景色为黑色、背景色为白色，按 Ctrl＋Backspace 组合键进行填充，按 Ctrl＋D 组合键取消选择。设置图层的混合模式为“线性减淡(添加)”。选中“滤镜”|“模糊”|“高斯模糊”菜单选项，在出现的“高斯模糊”对话框中设置“半径”为 2，单击“确定”按钮。

(28) 使 darker whites 及以下的图层均不可见，使 new irises 中的外发光效果不可见，在场景中只看见眼球。按 Alt＋Ctrl＋Shift＋E 组合键，合并可见图层并产生新图层功能，将该图层改名为 sharpering。

(29) 使所有图层均可见。选中“滤镜”|“其他”|“高反差保留”菜单选项，在“高反差保留”对话框中设置半径为 2，单击“确定”按钮。

(30) 设置图层的混合模式为“叠加”，最终效果如图 6-39 所示。保存文件为 Sharpened irises. psd。

6.2.5　添加脸部油彩

(1) 打开 Sharpened irises. psd 文件。使 yellow paint 为当前层，切换到“通道”面板。按住 Ctrl 键的同时单击 cyan paint 通道。

(2) 切换到“调整”面板，按住 Alt 键的同时单击“色相/饱和度”按钮，在出现的“新建图层”对话框中将图层改名为 cyan paint，单击“确定”按钮。

(3) 在“调整”面板中修改色相等参数，如图 6-40 所示。

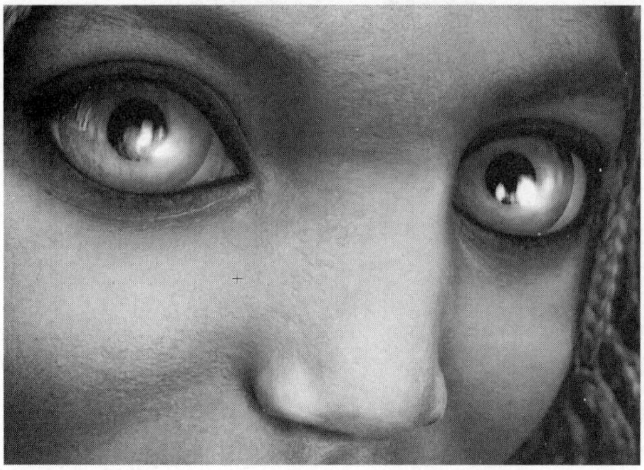

图 6-39　最终眼睛效果

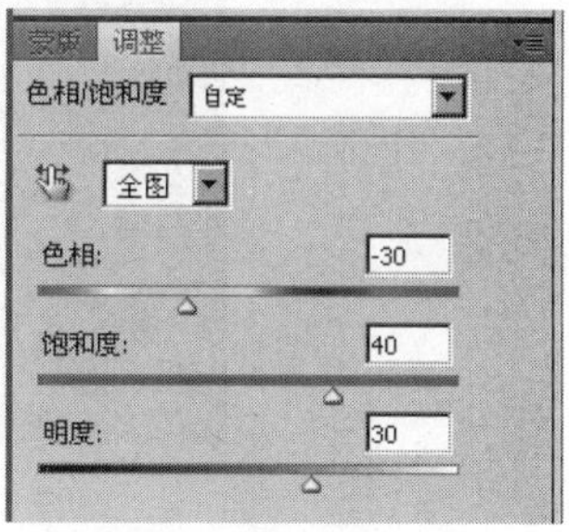

图 6-40　修改参数

(4) 切换到“图层”面板中，将图层 cyan paint 拖到 yellow paint 的下方并设为当前层。选中“图层”|“图层样式”|“混合选项”菜单选项，出现“图层样式”对话框。向右拖动“下一图层”左侧三角箭头，使其值为 80。按住 Alt 键，继续向右拖动，使值为 165。

(5) 单击“样式”框架中的“斜面与浮雕”，修改参数，如图 6-41 所示。

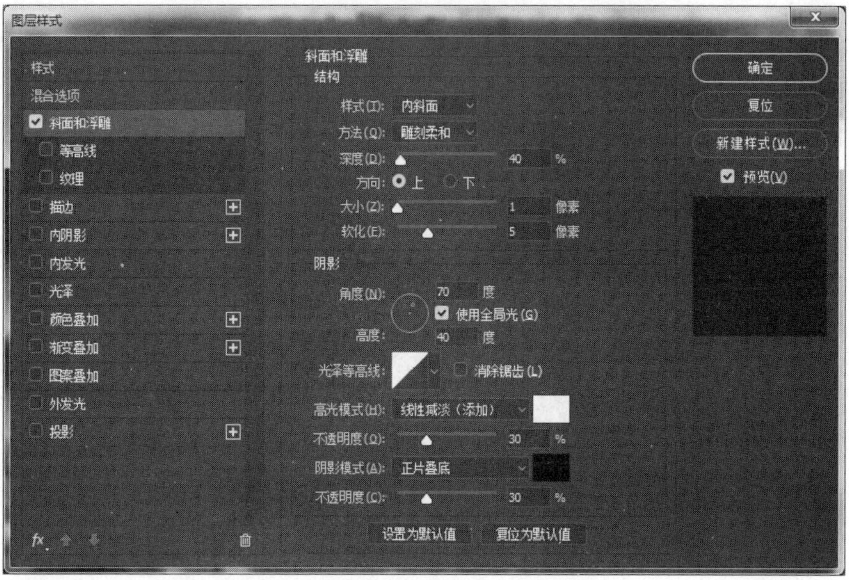

图 6-41　图层样式—斜面和浮雕

(6) 单击“确定”按钮，场景效果如图 6-42 所示。

(7) 切换到“通道”面板。按住 Ctrl 键，单击 white paint 通道。

(8) 切换到“调整”面板，按住 Alt 键的同时单击“色相/饱和度”按钮，在出现的“新建图层”对话框中将图层改名为 white paint，单击“确定”按钮。修改“色相”为－20，“饱和

图 6-42 脸部油彩中间效果

度”为 0，“明度”为 15。

（9）切换到“图层”面板，设置图层的混合模式为“滤色”。选中“图层”|“图层样式”|“混合选项”菜单选项，出现“图层样式”对话框。向右拖动“下一图层”左侧三角箭头，使其值为 30。按住 Alt 键，继续向右拖动值为 100。单击“确定”按钮。

（10）按住 Alt 键，将 cyan paint 图层中的“斜面与浮雕”效果拖到 white paint 图层中，复制效果。

（11）使 yellow paint 层可见并为当前层，设置图层的混合模式为“正片叠底”，场景中的效果如图 6-43 所示。

图 6-43 脸部油彩最终效果

（12）按住 Shift 键，将 yellow paint、white paint、cyan paint 这 3 个层同时选中，选中“图层”|“新建”|“从图层新建组”菜单选项。出现“从图层建立组”对话框，将名称改为 war paint。保存文件为 All war paint. psd。

实验7 使用 Flash CS5 制作横幅动画

7.1 实验目的与要求

本实验使用 Flash CS5.5 实现横幅动画制作。

通过该实例的制作，总结和提高所学的知识，包括新建文件、添加层、创建元件、导入图像、动画制作等。

7.2 场景制作

7.2.1 建立文件

(1) 运行 Flash CS5.5，选中"新建"| ActionScript 3.0，新建文件。选中"窗口"|"工作区"|"传统"菜单选项，切换到传统界面，如图 7-1 所示。

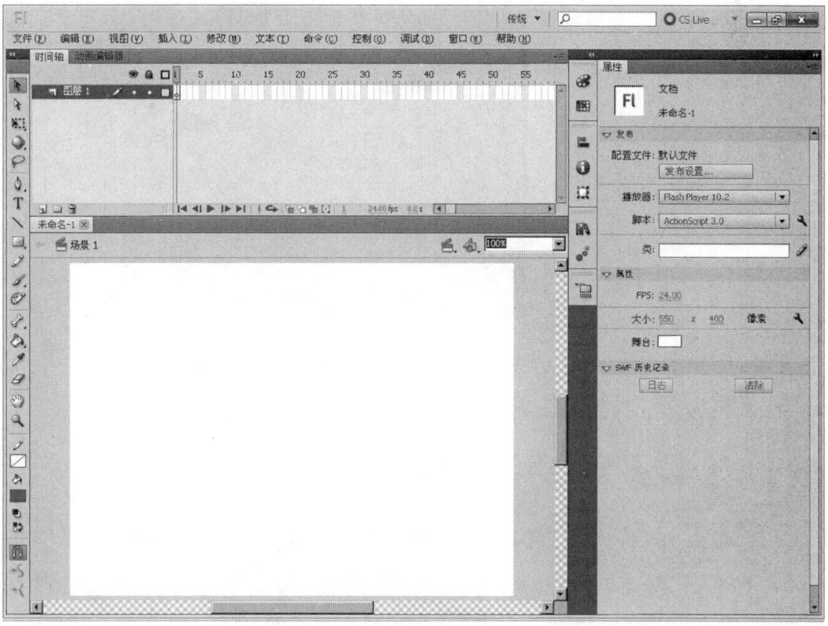

图 7-1 传统界面

（2）在“属性”面板中单击“编辑文档属性”按钮，出现“文档设置”对话框，修改“尺寸”的“宽度”为 1000 像素，“高度”为 400 像素，“背景颜色”为绿色，如图 7-2 所示。

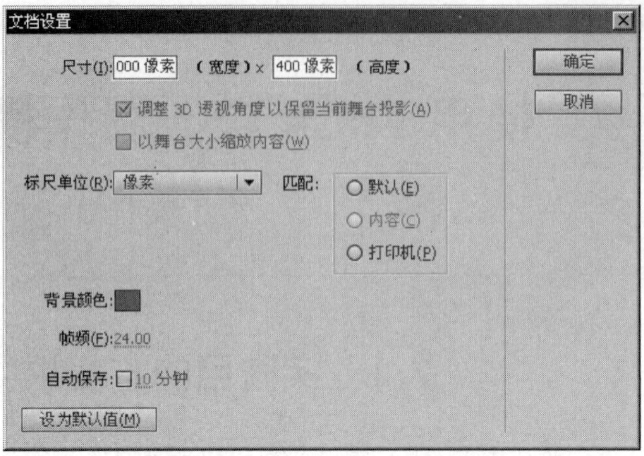

图 7-2 “文档设置”对话框

（3）双击“图层 1”，将其改名为 Rectangle。

（4）在工具栏中单击“矩形工具”，绘制一个矩形。

（5）在“属性”面板的“位置和大小”中，将 X 改为 0，Y 改为 120；“宽”改为 1000，“高”改为 100；“填充和笔触”中，设置“笔触”颜色为无，设置填充颜色为黑色，如图 7-3 所示。

图 7-3 设置属性

（6）保存文件为 Home. fla。

7.2.2 添加层

（1）单击“新建图层”按钮，将其改名为 button。

（2）单击“基本矩形工具”；单击“填充颜色”，移动笔触至场景的背景色并单击；在“属性”面板中设置“笔触颜色”为无；将“矩形选项”中“矩形边角半径”修改为 10，单击“将边角半径控件锁定为一个控件”按钮，取消锁定；如图 7-4 所示。

（3）在 Rectangle 图层的矩形中绘制一个按钮。

（4）单击“文本工具”；单击“填充颜色”，选择白色；在“属性”面板中选择“文本工具”为“传统文本”及“静态文本”；在“字符”的“系列”中选择 Arial，“样式”中选择 Bold，“大小”选择 14，如图 7-5 所示。

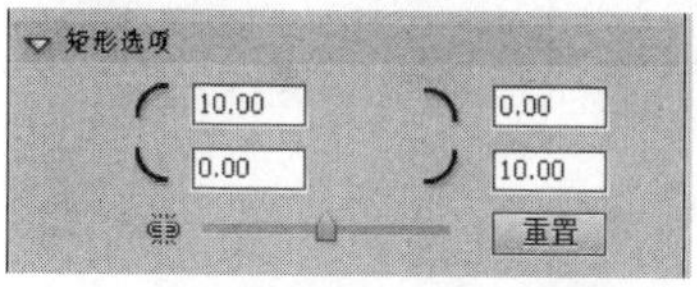

图 7-4　设置矩形边角半径

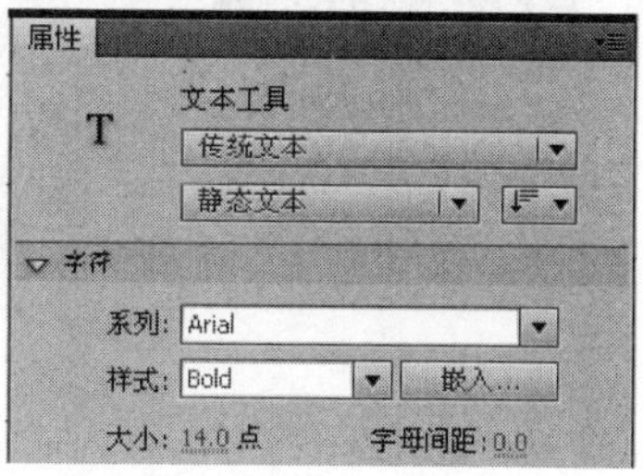

图 7-5　设置文本属性

（5）在按钮中输入 Replay。

（6）新建图层，将其改名为 Text。

（7）单击“文本工具”，在 Rectangle 图层的矩形中输入文本 Sustainable Design；选中文本，在“属性”面板中选择“样式”为 Regular，“大小”为 50。

（8）选择场景为“符合窗口大小”，能看到场景全貌。选中选择工具，将其拖到 Rectangle 图层矩形的合适位置，如图 7-6 所示。

图 7-6　文本、按钮在矩形中的相对位置

（9）新建图层，将其改名为 Trees。

（10）选中 Deco 工具，在“属性”面板的“绘制效果”中选择“树刷子”；在“高级选项”中选择“白杨树”；在场景中绘制白杨树，如图 7-7 所示。

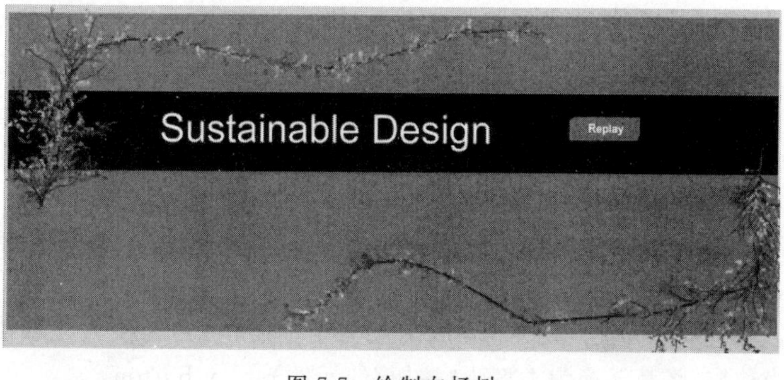

图 7-7　绘制白杨树

（11）在“属性”面板的“绘制效果”中选择“花刷子”，在“高级选项”中选择“一品红”；

改变“花大小”“树叶大小”参数值，沿着树枝绘制花朵，如图 7-8 所示。

图 7-8 绘制一品红

（12）选中“控制”|“测试场景”菜单选项，生成 swf 文件。在其窗口中选中“视图”|“带宽设置”菜单选项，其大小为 296KB，如图 7-9 所示。

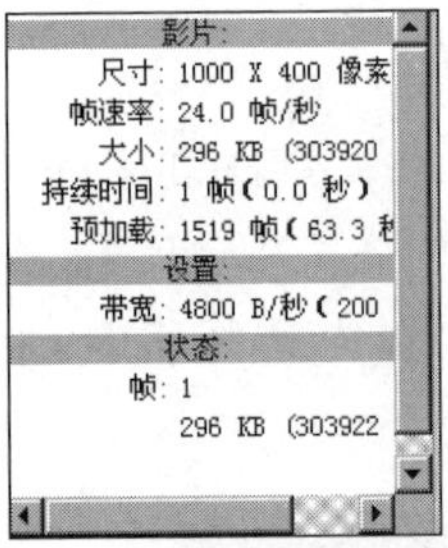

图 7-9 swf 文件大小

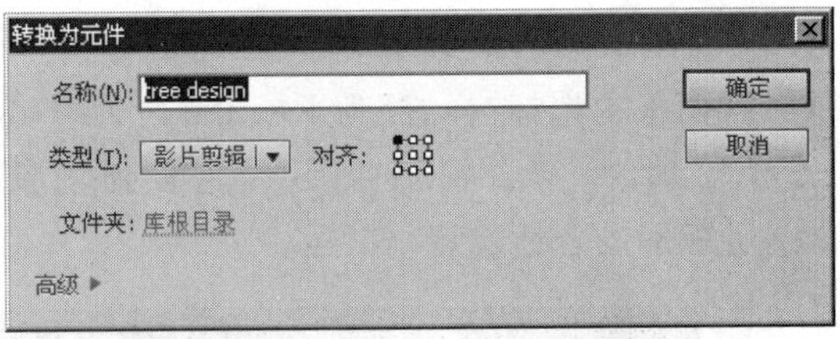

图 7-10 “转换为元件”对话框

7.2.3 创建元件

（1）锁定除 Trees 外的所有层。

（2）使用选择工具选中左上方的“白杨树”，按 Delete 键将其删除。

（3）右击右下方的“白杨树”，从弹出的快捷菜单中选中“转换为元件”选项，在出现的“转换为元件”对话框中将其改名为 tree design，如图 7-10 所示。

（4）单击“确定”按钮。将“库”面板中的 tree design 拖到演示窗口左上方。

（5）选中任意变形工具，旋转近 180°，如图 7-11 所示。

（6）选中“控制”|“测试场景”菜单选项，生成 swf 文件的“大小”为 143KB，如图 7-12 所示。通过使用元件，文件大小几乎减少了一半。

（7）锁定除 Text 外的所有层。选择文本 Sustainable Design，将其转换为元件文本 Sustainable Design。

（8）锁定 Trees、Text 层，使 Rectangle 层为当前层，将其转换为元件 Rectangle；使 button 层为当前层，将其转换为类型为“按钮”的元件 replay button。

（9）使 Rectangle 层为当前层，将“属性”面板“显示”中的“混合”设置为“叠加”。

（10）使 button 层为当前层，展开“属性”面板的“滤镜”。单击左下方的“添加滤镜”

按钮，选中“斜角”选项。

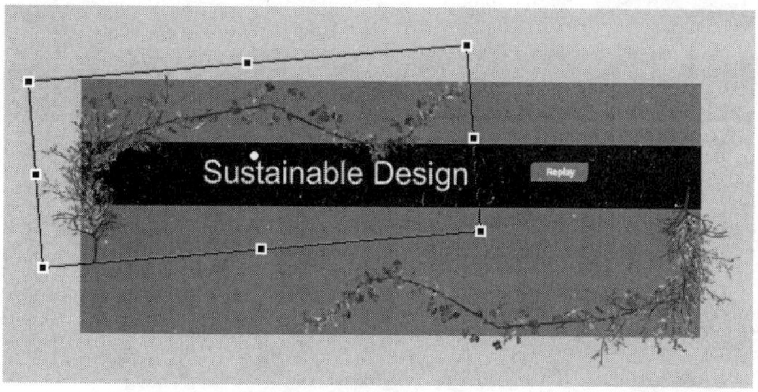

图 7-11　旋转元件

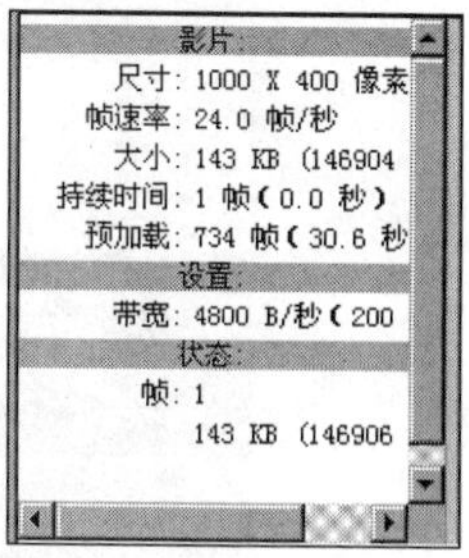

图 7-12　swf 文件减小

7.2.4　导入图像

(1) 新建图层 background，将其拖到 Rectangle 层下。

(2) 选中“文件”|“导入”|“导入到舞台”菜单选项，导入 homeBkgd.jpg 文件。

(3) 将场景中的图片拖到“库”面板中，在出现的“转换为元件”对话框中将其命名为 background。

(4) 新建图层 foreground，导入文件 homeForeground.png。将其转换为元件 foreground。

(5) 解除所有层的锁定，将 Trees 作为当前层，导入 Logo.ai 文件。在“将 Logo.ai 导入到舞台”对话框中选中“创建影片剪辑”和“将对象置于原始位置”复选框，如图 7-13 所示。

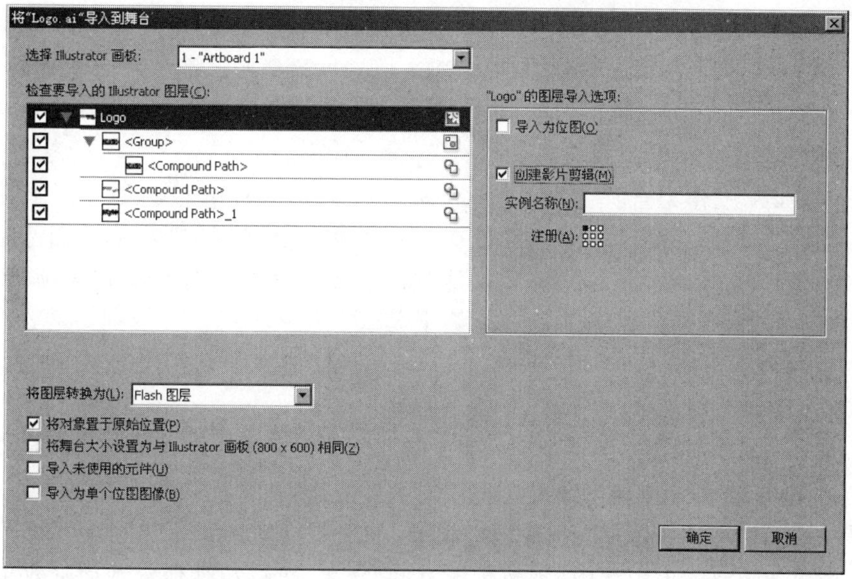

图 7-13　导入 Logo.ai 文件

(6) 选中"视图"|"粘贴板"菜单选项，取消粘贴板，使舞台外的部分均不可见。调整Logo、文字、按钮、树、图片等位置，如图7-14所示。

图7-14 最终场景

7.3 动画制作

7.3.1 帧动画

(1) 在第90帧处选中所有图层，右击，从弹出的快捷菜单中选中"插入帧"选项。

(2) 将button层第1帧的关键帧拖到第90帧处，这样按钮将在第90帧时出现。

(3) 将Text层的关键帧拖到第50帧处；将Rectangle层的关键帧拖到第40帧处；将Trees层的关键帧拖到第70帧处。

(4) 将Logo层作为当前层，将Logo图标拖到舞台中心，单击"任意变形工具"，将图标放大；在第70帧处右击，从弹出的快捷菜单中选中"插入关键帧"选项，将图标缩小并拖到右上角；在第25帧处右击，从弹出的快捷菜单中选中"插入空白关键帧"选项，图标将从第25帧开始消失，直到第70帧时出现在右上方。

(5) 选择所有层的第26～35帧，右击，从弹出的快捷菜单中选中"插入帧"选项，使整个动画增加10帧。再次增加18帧，使动画长度为118帧。

(6) 将foreground层的关键帧拖到第25帧处，使前景图片在Logo图标消失时出现。

(7) 选择background为当前层，在第22帧处右击，从弹出的快捷菜单中选中"插入关键帧"选项。将场景中的背景图片向左移动，如图7-15所示。右击第1～22帧中的任意帧，从弹出的快捷菜单中选中"创建传统补间"选项，可以清晰地看到动画效果。将第22帧拖到第118帧处，使背景图片在整个动画过程中一直显示。

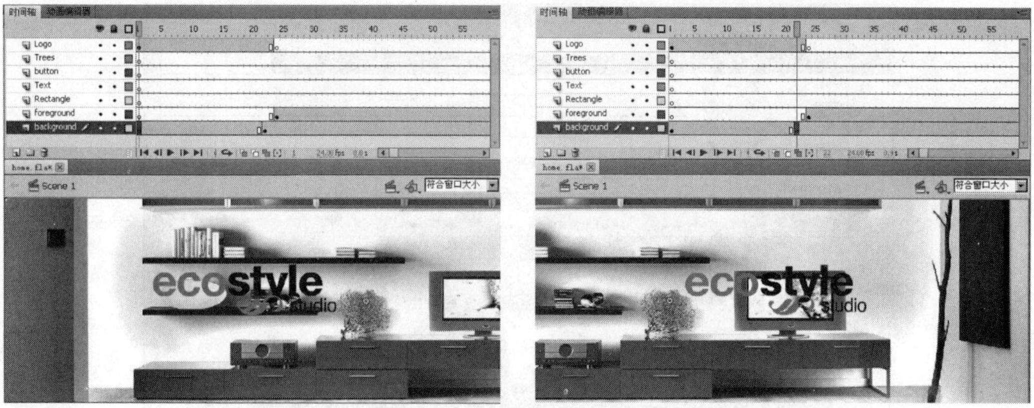

(a) 第1帧　　(b) 第22帧

图 7-15　background 层帧动画

（8）选择 foreground 为当前层，将第 24 帧处的关键帧移动到第 1 帧并右击，从弹出的快捷菜单中选中“创建补间动画”选项。使除 background 与 foreground 层以外的其他层不可见，将第 118 帧作为当前帧，移动前景图片，如图 7-16 所示。

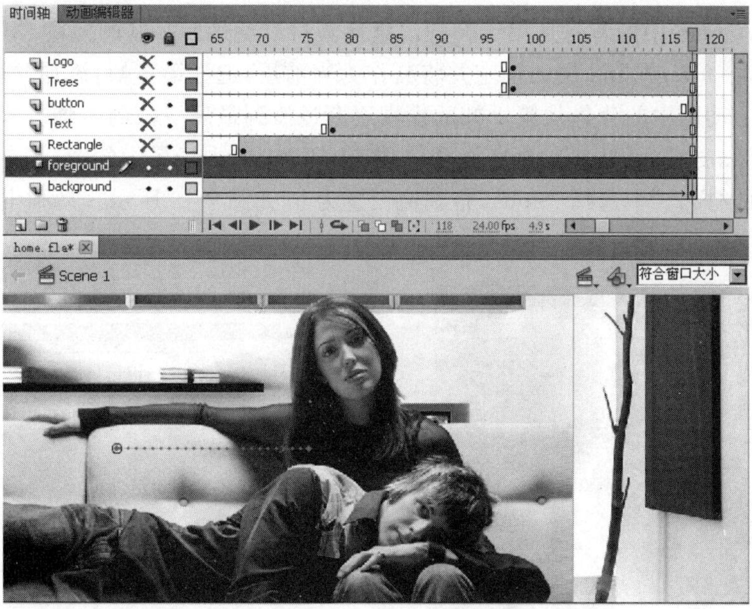

图 7-16　foreground 层帧动画

（9）使 Logo 层可见并作为当前层，移动第 24～60 帧位置，选中“创建补间动画”选项。定位在第 59 帧，将 Logo 图标移出左边界，如图 7-17 所示。

（10）使 foreground 与 background 层可见，其他层不可见。锁定 foreground 层，将 background 层作为当前层，选择最后一帧，单击场景中的背景图片。单击“属性”面板左下方的“添加滤镜”按钮，选择“模糊”，选择其“品质”为“中”，“模糊 X”的值为 15，如

图 7-17　Logo 层帧动画

图 7-18 所示。动画中的背景从第 1 帧的清晰逐渐过渡到最后一帧的模糊。

（11）解除 foreground 层的锁定并将其作为当前层，选择第 1 帧，添加“模糊滤镜”，设置相同参数。动画中的背景从第 1 帧的模糊逐渐过渡到最后一帧的清晰。

（12）使 Logo 层可见并作为当前层，选择第 59 帧，单击场景中的图标，在“属性”面板“色彩效果”的“样式”中选择 Alpha，将其值设置为 0，如图 7-19 所示。动画中的图标从清晰到逐渐消失。

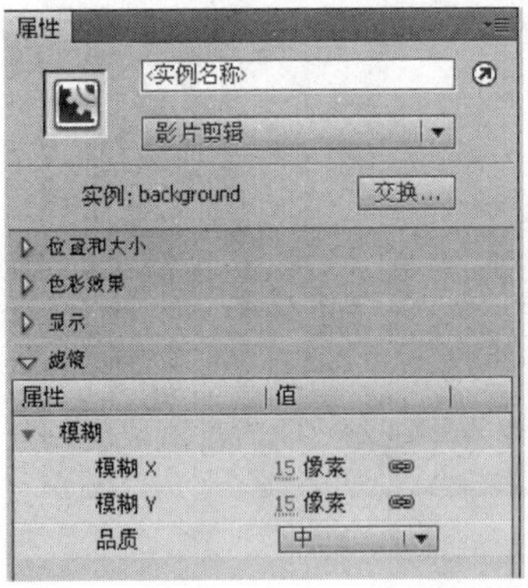

图 7-18　模糊滤镜

图 7-19　色彩效果

（13）使 Text 与 Rectangle 层可见，将 Text 位于第 78 帧的关键帧移动到 Rectangle 关键帧的相同位置，即第 68 帧的位置。使 Rectangle 层作为当前层，单击“任意变形工具”，使矩形高度与文字高度相匹配，并创建补间动画。在第 68 帧，将矩形拖到右侧边缘；在第 80 帧，将矩形拖到左侧。动画中的矩形从无到有。

(14) 使 Text 层作为当前层,创建补间动画。在第 68 帧,将文字拖到左侧;在第 80 帧,将文字拖到中间。动画中的文字从左侧到中间,配合着矩形从右侧出现到占据整个场景。

7.3.2　遮罩动画

(1) 使 Trees 层可见并作为当前层,选择第 98 帧。在场景中按住 Shift 键同时选择上下两棵树,右击,从弹出的快捷菜单中选中"分散到图层"选项,在 Trees 层下新增两个 tree design 层,如图 7-20 所示。两个图层分别对应两棵树,且从第 1 帧开始出现。

(2) 删除 Trees 层。

(3) 将上一个 tree design 作为当前层,按"新建图层"按钮新建图层,更名为 mask。

(4) 使 mask 为当前层,选择"椭圆工具"。单击"填充颜色"工具,选择绿色并将其 Alpha 值修改为 50,如图 7-21 所示。在上面的树上绘制一个圆形。

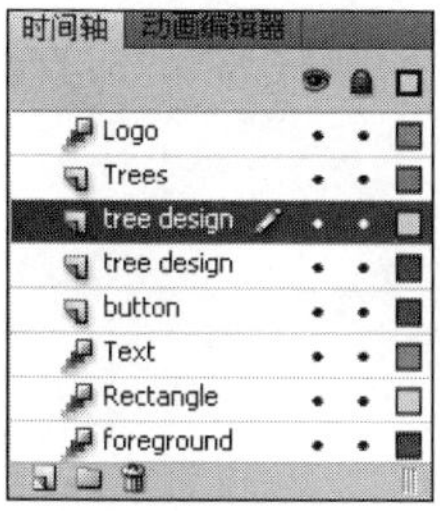

图 7-20　新增 tree design 层

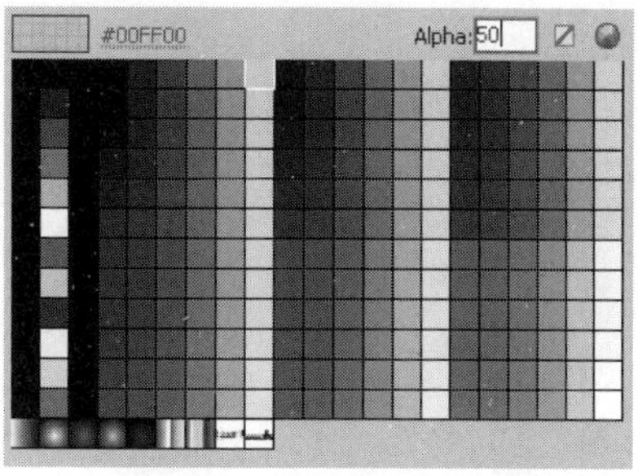

图 7-21　填充颜色工具

(5) 将该圆形转换为元件,改名为 mask。

(6) 右击 mask 层,从弹出的快捷菜单中选中"遮罩层"选项。取消 mask 层的锁定,可以看到元件在场景中的位置,如图 7-22 所示。

(7) 将元件拖到树的左侧下方,使其基本不可见。

(8) 在 mask 层创建补间动画。

(9) 在第 59 帧,拖动元件并用任意变形工具使元件遮住整棵树,如图 7-23 所示。

(10) 锁定 mask 层,动画中的树从第 1 帧开始从左侧逐渐出现,直到第 59 帧时全部出现,并保留到 118 帧。

(11) 将下一个 tree design 作为当前层,新建图层,设置为遮罩层。将库中的 mask 元件拖到场景中,安放在下面树的右侧上方,使其基本不可见。创建补间动画。在第 59 帧,拖动元件并使用"任意变形工具"使元件遮住整棵树。动画中下方的树第 1 帧开始从右侧逐渐出现,直到第 59 帧时全部出现,并保留到 118 帧。

(12) 若要使树出现的速度加快,可以将第 59 帧处的关键帧往前移动,如移动到第 30 帧处。

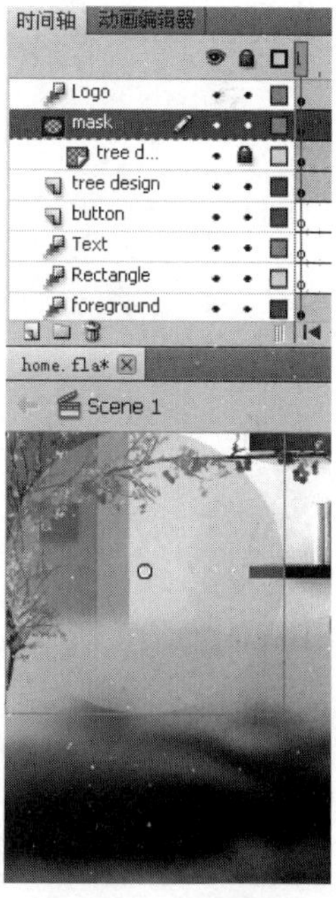

图 7-22　遮罩层

图 7-23　第 59 帧处的遮罩

实验8 使用 Premiere Pro CS4 实现影视制作

8.1 实验目的与要求

本实验使用 Premiere Pro CS4 实现《自行车运动员成长历程》的制作。

通过综合实例的制作，总结和提高所学的知识，包括项目参数设置、导入素材、倒计时片头、慢镜头和倒放效果、彩色过渡效果、滤镜淡出效果、影片输出等。

8.2 前期准备工作

在专业影视作品制作中，前期策划和编剧非常重要，对于普通用户，一般不需要费心进行作品的前期策划和编剧，但面对一大堆素材，简单的前期准备还是相当必要的。

8.2.1 影片主题的确定

整体构思是影视作品制作的基础，也是影片主题与风格的一个极其重要的决定因素，影片所有的后期制作，都要根据整体构思所规定的风格和内容进行。前期的构思决定了后期制作的形式，后期的制作形式必须按照前期整体构思进行，否则会使影片的内容与形式发生错位，无法达到令人满意的效果。

实验中要体现的主题是利用自行车运动员回忆过去来介绍自己的成长历程，所以影片的处理过程需要在集体行进的自行车运动员中突出某个具体的运动员，然后画面切换到该运动员小时候的场景，达到“回忆”的效果。

8.2.2 脚本流程

影视制作的核心依据就是编导创作的脚本，脚本使用镜头编号、剪接技巧、特技、声效等拍摄制作语言实现。对于普通用户，只需要一个简单的素材处理流程就可以达到有效地组织素材以实现前期构思的目的。

实验中，使用黑白倒计时画面作为影片的开头，突出"回忆"的主题；然后选取素材fastslow.avi中的自行车运动片段，并放慢、回放某个运动员的运动情况，画面定格在运动员的骑车情景，并转入黑白画面，体现回忆往事的效果；黑白的运动员骑车情景与素材boys.avi中黑白的小孩骑车画面衔接，将观众引入运动员成长历程的回忆中；小孩骑车画面变幻成特殊的效果，最后消失，体现在记忆中散去的效果。

8.3 影视制作

下面分几部分进行"自行车运动员成长历程"影视制作。

8.3.1 选择项目参数

启动Premiere Pro CS4，进入欢迎窗口，单击"新建项目"按钮，出现"新建项目"对话框，选择"位置"，输入名称，如图8-1所示，单击"确定"按钮。

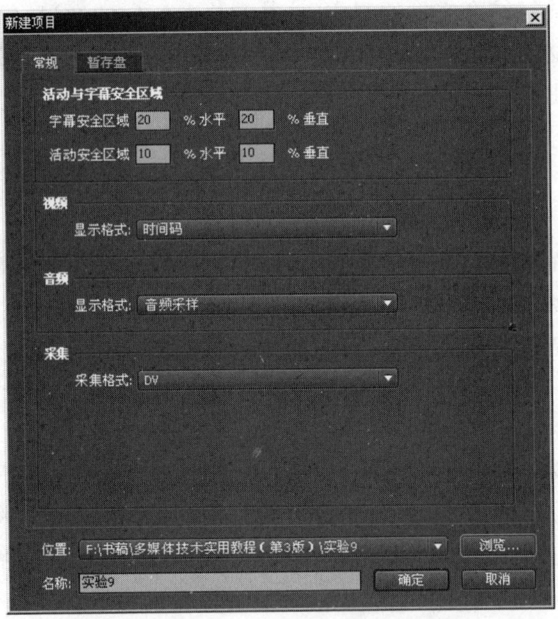

图8-1 项目参数设置

8.3.2 导入装配素材

1. 导入"倒计时片头"素材

为了体现影片的回忆效果，引入经典的倒计时画面。

选中"文件"|"新建"|"通用倒计时片头"菜单选项，出现"新建通用倒计时片头"对话

框，修改其宽、高数字分别为240和180(与其后倒入的视频素材匹配)，如图8-2所示，单击“确定”按钮，素材被导入到“项目”窗口。

2. 导入运动员素材

选中“文件”|“导入”菜单选项，在“导入”对话框中选择运动员素材文件Fastslow.avi、Boys.avi和Cycler.tif，单击“打开”按钮，素材被导入到“项目”窗口，如图8-3所示。

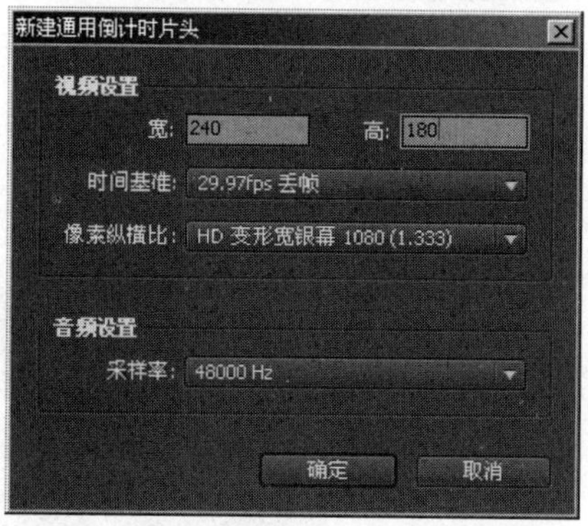

图8-2 导入“通用倒计时片头”素材

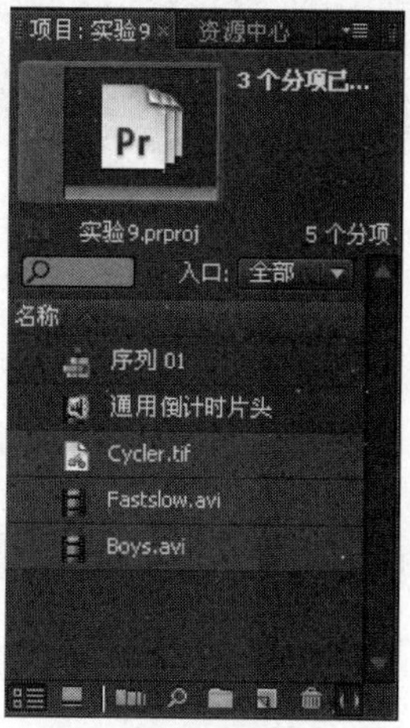

图8-3 导入“项目”窗口中的素材

3. 装配素材

将素材文件“通用倒计时片头”拖到“时间线”窗口的视频1轨道中，使其与“时间线”窗口左边对齐；将素材文件Fastslow.avi拖到“时间线”窗口的视频1轨道中，将它的左边紧贴“通用倒计时片头”的右侧。

8.3.3 制作片头

片头部分实现慢动作和倒放效果。

1. 慢动作的实现

Fastslow.avi文件播放时，先出现自行车运动员的集体画面，然后是单个运动员的特写镜头。慢动作实现的效果是让该运动员缓慢地经过整个屏幕，给观众留下更深的印象。

(1) 在“时间线”窗口中拖动“时间线01”下的标尺，将“时间线”窗口中的时间比例调大。

(2) 单击“视频1”通道中的“设定显示样式”按钮，选中“显示每帧”菜单选项，将片段的关键帧显示出来。

(3) 拖动时间线上的编辑线，将其定位在素材中集体运动画面和单个运动员画面之间，这时的时间为15:14，如图8-4所示。

(4) 选中“窗口”|“工具”菜单选项，打开“工具”窗口，选取其中的剃刀工具，单击上一

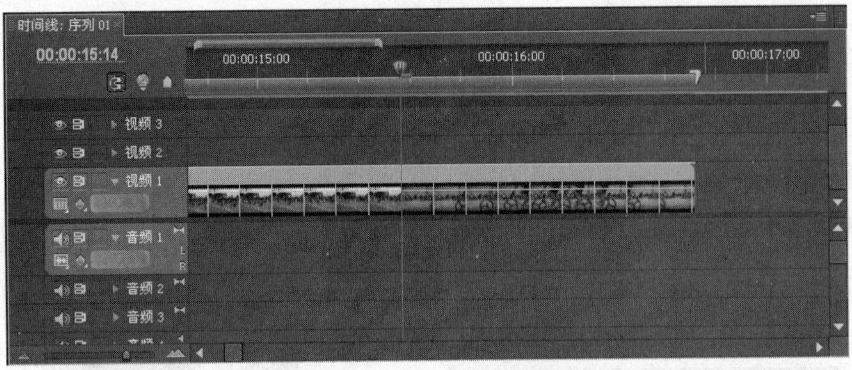

图 8-4　显示全部帧并定位视频片段切分位置

步编辑线所定位的位置右侧，将 Fastslow. avi 切分成两部分。这样，就可以单独对后面只有单个运动员的部分进行处理了。

(5) 右击单个运动员部分的视频片段，从弹出的快捷菜单中选中“速度/持续时间”选项，在出现的“速度/持续时间”对话框中将速度改为 50%，即将播放速度减为原来的 1/2，如图 8-5 所示，实现慢动作播放效果。

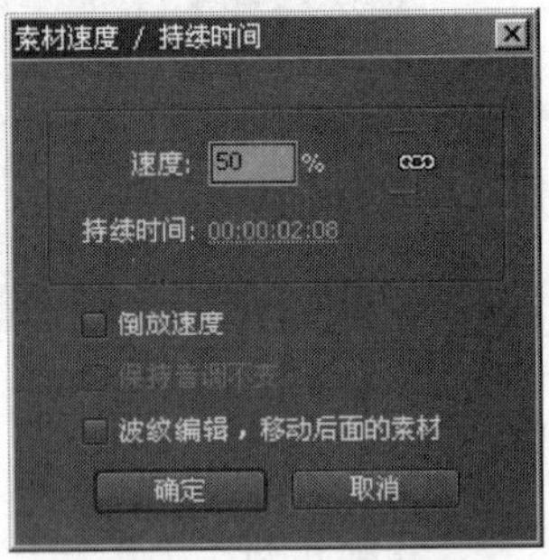

图 8-5　改变播放速度

2. 倒放效果的实现

对于单个运动员的视频内容实现倒放效果，使运动员倒着回到画面中央。

(1) 在调整后的视频片断上右击，从弹出的快捷菜单中选中“复制”选项。

(2) 将编辑线定位在素材的结束位置，选中“编辑”|“粘贴”菜单选项，将刚才的片断复制一份。

(3) 在最后的视频片断上右击，从弹出的快捷菜单中选中“速度/持续时间”选项，在出现的“速度/持续时间”对话框中选中“倒放速度”复选框，如图 8-6 所示，在不改变当前播放速度的基础上实现倒放效果。

(4) 按空格键查看播放效果，当倒放至如图 8-7 所示的定格画面时（即 Cycler. tif 图片文件的内容），再次按空格键停止播放。

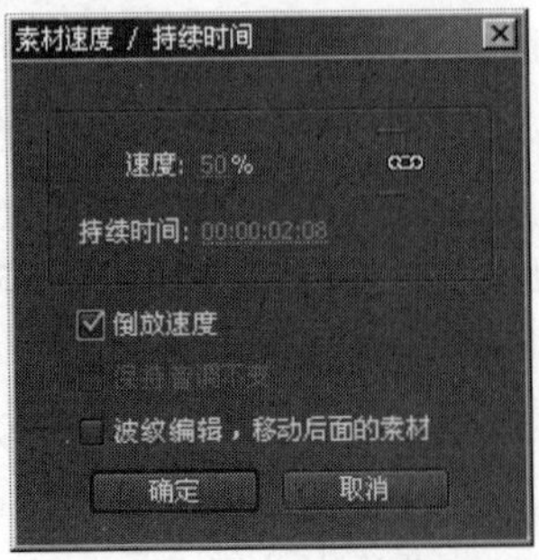

图 8-6　实现倒放效果

图 8-7　定格画面

（5）移动鼠标到视频片段的最右侧，按住鼠标左键，向左拖动片段直到刚才的定格画面，将定格画面后的内容去除。

（6）将图片文件 Cycler. tif 拖到“时间线”窗口的视频片段右侧，这样，运动员的倒放效果将定格在与 Cycler. tif 相同的画面上（如有偏差，可以将“时间线”窗口的显示比例调大，对倒放片段进行微调）。

8.3.4　彩色过渡效果

彩色到黑白的过渡效果，实现回忆功能。

（1）选取“工具”窗口中的剃刀工具，将“时间线”窗口中的 Cycler. tif 素材分成两部分，以便对前半部分做过渡效果处理，后半部分做黑白效果的显示。

（2）选中“窗口”|“效果”菜单选项，打开“效果”窗口。

（3）在“效果”窗口中展开“视频特效”文件夹，找到“图像控制”下的“色彩传递”滤镜（该滤镜能将视频片段转化为灰度显示），将其拖放到“时间线”窗口中的倒数第 2 个片段上，即 Cycler. tif 素材的前半部分，如图 8-8 所示。

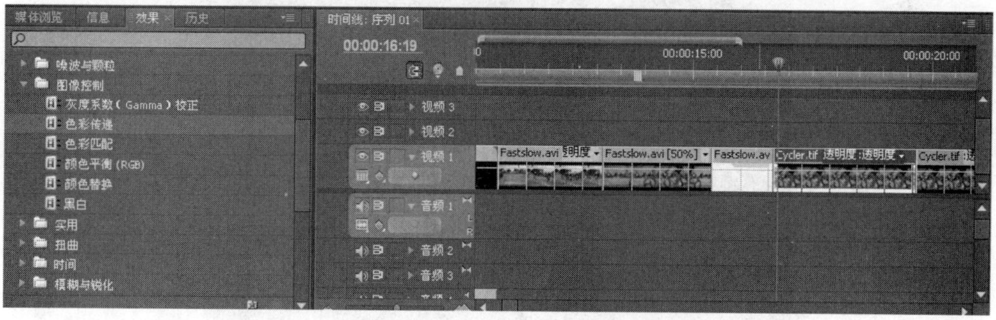

图 8-8　添加“色彩传递”滤镜

（4）选中“窗口”|“特效控制台”菜单选项，打开“特效控制台”窗口。

（5）将“时间线”窗口的编辑线定位在 Cycler. tif 素材的前半部分的最左面，选定该片段，将“特效控制台”窗口中“色彩传递”的“相似性”修改为 100，如图 8-9 所示。所有的颜色不进行灰度处理，与没有进行滤镜处理的效果一样。

（6）单击“相似性”左边的图标，打上关键帧标志。

（7）将“时间线”窗口的编辑线定位在 Cycler. tif 素材前半部分的最右面，将“相似性”数值改为 0，对所有的颜色都进行灰度处理。

（8）将“图像控制”下的“黑白”滤镜拖到“时间线”窗口中的最后一个片段上，该滤镜将彩色视频片段变成黑白。

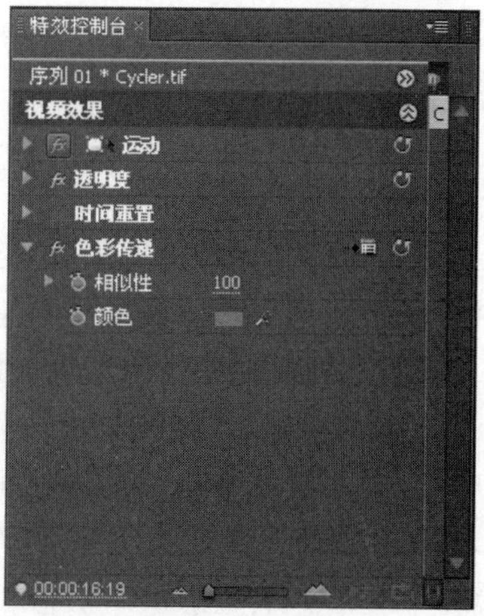

图 8-9　“色彩传递”中修改“相似性”参数

（9）按空格键，可以看到定格画面由彩色逐渐变成了黑白。

8.3.5 滤镜淡出效果

实现画面动态地变成黑白的怀旧效果，最后动态地以马赛克效果消失。

(1) 将 Boys. avi 文件拖到“时间线”窗口定格画面素材的后面。

(2) 按空格键看到素材中有两段不同小孩的骑车内容，拖动时间线的编辑线，调整到第 1 段骑车结束位置，如图 8-10 所示。

图 8-10　选择所需片段

(3) 选择剃刀工具，单击上一步编辑线所定位的位置左侧，将 Boys. avi 切分成两部分。

(4) 选择 Boys. avi 的后半部分，按 Delete 键将其删除。

(5) 在“效果”窗口中选中视频特效下“风格化”文件夹中的“马赛克”特效，将其拖到 Boys. avi 素材上。

(6) 将“时间线”窗口的编辑线定位在 Boys. avi 的开始处，在“特效控制台”窗口中分别单击“马赛克”特效参数中的“水平块”和“垂直块”左边的小时钟图标，打上关键帧标记。分别调整其数字为 4000，如图 8-11 所示，使最开始的滤镜效果接近原始画面。

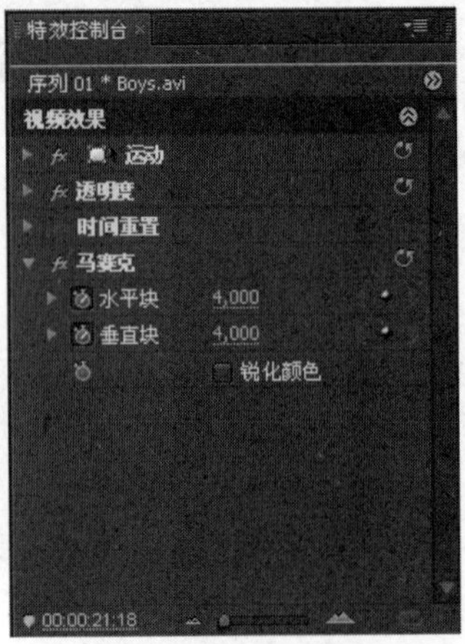

图 8-11　设置关键帧

(7) 向右移动编辑线，观察“监视器”窗口中的画面，在画面中的小男孩停止骑车时，停止编辑线的移动。分别单击“水平块”和“垂直块”右侧的“添加/删除 关键帧”按钮，定义第 2 个关键帧。分别单击“水平块”和“垂直块”的数字，输入 200，从这个关键帧开始将出现马赛克特效，如图 8-12 所示。

图 8-12　出现马赛克效果

(8) 移动编辑线到 Boys.avi 的末尾，分别单击“水平块”和“垂直块”右侧的“添加/删除 关键帧”按钮，定义最后一个关键帧。分别单击“水平块”和“垂直块”的数字，输入 1，使整个画面变成大方块，即马赛克效果的最后位置。

8.3.6　影片输出

最后生成影片，以脱离 Premiere Pro 平台进行播放。

(1) 选中“文件”|“导出”|“媒体”菜单选项，出现“导出设置”对话框。

(2) 单击“确定”按钮，完成影片输出。